FAO中文出版计划项目丛书

农业和农村地区的数字技术现状报告

联合国粮食及农业组织 编著

张龙豹 徐 明 高战荣 等 译

中国农业出版社
联合国粮食及农业组织
2021·北京

引用格式要求：

粮农组织和中国农业出版社。2021年。《农业和农村地区的数字技术现状报告》。中国北京。

01-CPP2020

本出版物原版为英文，即 *Digital technologies in agriculture and rural areas: Status report*，由联合国粮食及农业组织于2019年出版。此中文翻译由农业农村部国际交流服务中心安排并对翻译的准确性及质量负全部责任。如有出入，应以英文原版为准。

本信息产品中使用的名称和介绍的材料，并不意味着联合国粮食及农业组织（粮农组织）对任何国家、领地、城市、地区或其当局的法律或发展状况，或对其国界或边界的划分表示任何意见。提及具体的公司或厂商产品，无论是否含有专利，并不意味着这些公司或产品得到粮农组织的认可或推荐，优于未提及的其他类似公司或产品。

本信息产品中陈述的观点是作者的观点，不一定反映粮农组织的观点或政策。

ISBN 978-92-5-134680-8（粮农组织）
ISBN 978-7-109-28422-7（中国农业出版社）

FAO中文出版计划项目丛书

译审委员会

本书译审名单

缩略语

AI　人工智能

CAGR　复合年增长率

CIS　英联邦独立国家

DL　深度学习

DLT　分布式分类账技术

ERP　企业资源规划

EU-28　欧盟28成员国

FAQs　经常询问的问题

FVC　粮食价值链

GHG　温室气体

GNI　国民总收入

GNSS　全球导航卫星系统

GPS　全球定位系统

GVC　全球价值链

ICT　信息与通信技术

IoT　物联网

IPPC　国际植物保护公约

ISPs　互联网服务供应商

ISCED　国际教育标准分类

LDCs　最不发达国家

LTE　长期演进技术（一种通信标准）

Mbps　兆位/秒

MENA　中东和北非

ML　机器学习

MNOs　移动网络运营商

MOOC　慕课（大规模在线公开课程）

OECD　经济合作与发展组织

PA　精准农业

PLF　精准畜牧业

PPP　购买力均衡

RFID　射频识别技术

RTK　载波相位差分技术

SEO　搜索引擎优化

SDGs　可持续发展目标

SME　中小企业

VC　风险投资

VRNA　可变速率氮气应用

VoIP　互联网协议语音

VRPA　可变速率农药应用

VRI　可变速率灌溉

VRS　可变速率播种

VRT　可变速率技术

WiMAX　微波访问的全球互操作性

目录

第 1 章
引　言

众所周知，未来粮食和农业的发展面临着重大转变，如粮食需求大幅增长、自然资源储藏量有限、农业生产力不稳定性因素增多等（经济合作与发展组织，2015a）。预计到2050年，世界总人口将从2018年的76亿增至并超过98亿，届时将对世界粮食需求产生巨大影响，这一情况已引起各国广泛的注意（联合国经社部，2017）。此外，预计未来几年内城市化进程持续加快，2014年全球城市人口占比为54%，到2050年这一数字将接近66%。据此预测，2030年缺水率达40%，耕地退化率将超过20%（Bai et al., 2008）。

按此趋势，2050年谷物年产量需要增加30亿吨才能满足需求（Alexandratos and Bruinsma，2012），而最不发达国家的肉类需求到2030年将增长80%，2050年增长超200%。目前全球小农户数量达5.7亿（Lowder et al., 2016），从事农业和粮食生产的劳动力全球占比达28%（国际劳工组织劳工统计局，2019），现有粮食生产体系产出的粮食足以养活整个世界。尽管如此，全球仍有8.21亿人遭受饥饿[①]。尽管联合国粮食及农业组织（以下简称联合国粮农组织）(2017)认为可以满足日益增长的粮食需求，但尚不清楚以可持续和包容的方式可以在多大程度上满足粮食需求，据此提出了"到2050年如何满足90亿人口粮？"这一课题。为解决这一问题，加快促进农业粮食生产体系的转型升级并扩大其应用范围成为当务之急。

与此同时，第四次工业革命（工业4.0）[②]正在推动数字技术的颠覆性发展和持续性创新，由此引起了许多领域的重大变革，粮食和农业领域也在经历这一轮变革。最近以来，很难从小农户那里获取信息，难以得知小农户的基本需求和在投入成本、市场、价格、小额信贷或接受学习培训等方面面临的问题，也难以向小农户传递信息。移动技术（智能手机）的普及以及近年来遥感服务和分布式计算的推广应用为小农户与新兴数字技术驱动农业粮食系统的融合提供了新机遇（美国国际开发署，2018）。推广这些新变化的可能性展示了下一次农业革命的潜力，毫无疑问将是一场数字农业革命。

预计下一轮移动互联网的普及浪潮主要面向农村社区，大多数农村居民每天都从事农业活动（Palmer and Darabian，2017）。数字通信工具的推广应用非常迅速，即便是在发展中国家20%的最贫穷人口中，手机用户也高达70%（世界银行，2016a）。全球可访问互联网的用户超40%，而且各国正相继出台一些重大措施，帮助那些尚未联网的人使用互联网，尤其是确保发展中国家的农村居民能够联网（世界银行，2016b）。

考虑到全球已进入"工业4.0"时代，可预计未来十多年，在先进的数字

---

① www.fao.org/news/story/en/item/1152031/ icode/.

② "工业4.0"一词起源于德国，适用于制造系统和产品的设计、制造、运营和服务的一组快速变革。

科技和技术创新（区块链、物联网、人工智能、沉浸式现实等）的推动下，农业粮食系统将发生巨大变化，消费者的口味与需求将发生重大改变，电子商务对全球农产品贸易将产生重大影响，还将引起气候变化等一系列变化。为实现联合国可持续发展目标并在2030年建立一个"零饥饿世界"，联合国粮农组织呼吁建立更加高产、高效、可持续、包容、透明和富有弹性的粮食系统（联合国粮农组织，2017）。农业数字化转型对实现上述目标至关重要。

推广数字技术是大势所趋，任何忽视或者排斥这一技术的努力都将徒劳无功。各种挑战会带来不同程度的影响，对此进行展望和评估有利于实现农业的数字化，创造更多机会，同时也可避免对全球农业粮食系统可能产生的潜在威胁，如"数字鸿沟"①。这种数字鸿沟不再与贫穷和农村地区相连，而许多农村地区依然存在不同程度的贫困。但在不同部门和经济体之间、在早期吸纳数字技术和抗拒数字技术的群体之间、不同性别以及不同程度的城市化之间，数字化却扩大了这一差距。例如，世界范围内非洲的互联网用户增长最快，从2005年的2.1%已增至2018年的24.4%（国际电信联盟，2018）②。技术设施薄弱、支付能力低、数字技术素养和数字技能水平低、获得数字服务的差距大以及新兴经济体国家对数字技术的重视程度不够等，造成了不同地区巨大的数字鸿沟，也影响了数字农业变革带来的益处。不同国家引入了不同的发展模式，并将数字技术整合到农业和粮食领域中实现跨越式发展。然而对于政府决策者、国际组织、企业负责人和个人而言，可能需要透彻的反思才能弄清如何应对这种新情况，维持现状是无法解决问题的。

生活在全球化和动态数字化世界中的千禧一代以及技术和创新的快速发展给农业粮食行业带来前所未有的挑战。农业粮食行业向数字化转变是一项巨大的挑战。发展数字农业需要对整个农业系统、农村经济、农村社区和自然资源管理进行重大变革，整体协作才能充分发挥自身潜力。

1.1　数字农业

农业经历了一系列变革才推动了效率、产量和利润达到前所未有的水平。第一次农业革命（约公元前10000年）使人类得以定居，形成了世界上第一种社会形态，培育了人类早期文明。此后农业进一步发生变革，带来了机械化（1900—1930年），培育出了更具抗逆性的农作物品种，农药开始使用（20世纪60年代引发了"绿色革命"），与此同时基因改良技术日渐兴起（1990—

---

① https://www.oecd.org/site/ schoolingfortomorrowknowledgebase/ themes/ict/bridgingthedigitaldivide. htm.

② https://news.itu.int/itu-statistics-leaving- no-one-offline/.

2005年）。而近年来，"数字农业革命"的兴起与发展则进一步帮助人类在未来持续生存和长久繁荣。作为"工业4.0"的组成部分，数字农业凭借其高度互联和数据密集型计算技术可实现全覆盖，创造了一系列新机遇（Schwab，2016）。

数字农业的兴起可能会给所有行业带来转型和颠覆性的改变，一方面数字农业不仅会改变农民的耕作方式，另一方面也会从根本上改变农产品价值链的每一部分。数字农业不仅影响农民的行为，还影响农产品原料供应商的供应方式，影响加工和零售公司营销、定价和销售方式。数字农业可应用于农业粮食系统的各个方面，也反映了资源管理方式的转变，即在实效性、超链接和大数据驱动下，资源由综合管理方式向高度优化、个性化、智能化以及符合预期的方式转变。例如，不是按照统一标准耕作所有田地、处置农作物和发展价值链，而是每一种都可以获得量身打造的优化管理方案，并实现对田间动物的监测和个性化管理。价值链可实现最精细化的追踪和协调。发展数字农业的理想结果是建立一种更高产、安全、符合预期并适应气候变化的系统，该系统能够更加确保粮食安全、增加收益并实现可持续发展。

市场预期表明数字农业会在未来十多年内促使农业和粮食领域发生重大转型。在农业粮食价值链层面，该项技术具有独特的用武之地和影响力。依据价值链特定部分的复杂性和成熟期，数字农业与农业粮食价值链实现整合。因此，本报告根据数字技术在农业粮食行业渗透的复杂性和所处阶段来进行分类。

（1）移动设备和社交媒体。

（2）精准农业和遥感技术（物联网、全球卫星导航系统、载波相位差分技术、可变速率灌溉、精准畜牧业、无人机和卫星成像技术）。

（3）大数据、云、数据分析和网络安全。

（4）整合与协调（区块链、企业资源规划、金融和保险系统）。

（5）智能系统（深度学习、机器学习、人工智能、机器人技术和自动操作系统）。

研究表明，从全球来看，数字化的发展会创造更高的产量和更多的财富。到2030年数字化和智能自动化有望贡献14%的全球GDP，按当今价值估算，相当于创造了约15万亿美元的价值。与其他行业一样，技术在农业领域发挥着重要作用，农业产业估值约为7.8万亿美元，承担着全球的口粮，并为全球超40%的人口提供就业岗位（普华永道咨询公司，2019）。

尽管数字农业确实能创造利益，但是在向数字化转型的过程中依然面临着众多挑战。例如，在数据层面缺乏统一的标准化数字解决方案，由于格式不同造成数据的使用问题。有关数据属性、访问数据权限以及如何使用数据等问题也都界定不清楚。

值得注意的另一种不同情况是在农业综合企业发展的背景下，众多大型国际企业优先在农业生产中实行数字化转型。这一转型过程也影响了其他组织或个人，如政府、公共部门以及农业企业家，这些群体积极采用数字技术来应对一系列社会挑战（如农村生计问题、妇女和青年就业问题、农民企业家精神的培养）。此外，在新兴技术的应用过程中也产生了新的挑战，毕竟这一技术会影响经济、社会以及环境等各领域。

接下来介绍本书框架，数字农业转型的过程中不同要素得以关联，从而形成了一个整体结构，为进一步分析奠定了基础。即使针对某些现象该模型尚无法做出解释，这一模型也有助于就当前农业和粮食领域数字技术的应用状态开展不同层次的分析和评估。

1.2 本书框架

构建描述性模型首先可以鉴别农业和农村地区数字化转型过程中的典型要素，并测量和描述现有状态。其次也有利于构建通用方法论，鉴别数字转型给农业和农村带来的机遇和挑战。即使这是一种描述型方法论，换句话说，无法在不同变量之间建立解释框架，但本身就是一种进步，这一模型可使多种要素（如科技要素）整合在一起，以一种整体视角来审视各要素，不仅技术本身是一种解释变量，其他一系列因素（如政策、激励措施、商业模式）也属于解释变量这一范畴。总体上，这些要素或促进或抑制数字化转型。基于三大相互关联的种类，这一结构不断被简化。一方面为采用数字技术建立了一套成熟体系：

（1）基本条件。即发展数字农业的最基本条件，传统来看包括互联性（移动订阅用户、网络覆盖、宽带以及互联网接入）、支付能力、教育系统、文化程度、就业情况（包括农村地区和农业粮食行业）、政策和相应配套项目（电子策略）。

（2）推动因素。操控数字技术的能力（上网能力、移动社交媒体的应用能力）、数字技能、农业企业管理和创新文化（投资、人才培养、冲刺项目）。

另一方面，归纳了数字技术给农业粮食系统带来的影响：

（3）充分利用不同类型的资源，借助数字技术来提高经济效益（效率、生产力等）、社会和文化效益（粮食安全、数字鸿沟、社会效益、妇女和青年参与度、公平性等）以及环境影响力（气候变化适应能力、灵活应对能力和可持续发展能力等）。

理解和评估数字技术的发展水平，可以更好鉴别这一技术需要改进之处，这有利于农业转型过程中预期效果的实现。一般来说，新技术的采用只是一个起点，但不能保证实现预期目标，通常还得具备其他必要条件。人们往往认为执行便是成功，而忽视了执行的效果。因此，在发展数字农业的过程中，既需要挖掘数字技术，又要以数字技术为先导推进现有的工作。

1.2.1 关注可持续发展目标

2015年，联合国所有成员国一致通过了《2030年可持续发展议程》，为今后人与自然的和平与繁荣描绘了一幅蓝图。可持续发展目标（SDG）旨在改变世界经济、社会和环境状况。各成员国也意识到消除贫困和物资匮乏必须同其他政策相配套——改善健康和教育条件、减少不平等、刺激经济增长、不让任何一个人掉队——同时还要应对气候变化并努力保护海洋和森林资源[①]。

在此背景下，本篇报告主要囊括以下三大领域，并以此作为主轴线来鉴别农业和农村地区数字技术的发展状态，研判适合推广数字农业的地区。应特别指出的是这一主线与以下3个层面相呼应：

（1）经济层面。农业生产实践和数字农业技术有助于提高农业产量、降低生产成本和物流成本、减少粮食损失和浪费、增加市场占有量，实现农民、价值链和国家的可持续发展，提高农业产值和国家GDP总量。

（2）社会和文化层面。通过自身所建立的沟通机制，数字技术可以在社会和文化层面产生整合效应。与此同时那些无法接触数字技术（数字鸿沟）的群体则不能享受数字技术带来的效益。造成这一差距的因素包括年龄、性别、青年受教育程度、语言水平以及乡村特性。

（3）环境层面。智能农业、精准农业以及数字农业的发展，为监测和优化农业生产过程、价值链以及农产品物流创造了条件。数字技术还可以预防和应对气候变化，有助于更好地利用自然资源。

上述工作领域或观察角度在某种程度上是相通的，也能区分数字技术带来的不同影响，可进行具体分析，也可进行多元分析。本书进行了更为深入的分析，来鉴别农业和农村地区数字技术应用的当前状态和空白领域。

1.2.2 相关资源

本书中的相关分类并非旨在面面俱到，而是将数字化过程中出现的不同要素标识出来。对应资源如下：

（1）自然资源。农业必备资源之一，如土壤、水、森林等。

（2）人力资源。培养、开发人力资源并将其用于发展数字农业很重要，因此，考虑性别、青年参与的可能性对于挖掘本地潜力也异常重要。

---

① https://sustainabledevelopment.un.org/ ?menu=1300.

（3）政策与监管框架。制定监管框架，出台政策鼓励和规范数字技术的应用双管齐下，为发展可持续的生态系统提供必要的激励措施。

（4）愿景和战略定位。明确要实现的目标（愿景）和实现机制（战略），表明政治意愿，指导数字农业实现可持续发展。

上述几类资源在农村地区的应用程度以及它们对农业数字化转型的作用都可以测量。

1.2.3　纵览全局

近年来大型国际公司在全球开展的商业活动日益增多，在这一背景下，数字转型得到了显著的应用。数字转型也体现在其他组织中，如政府、公共部门、致力于应对社会挑战（如农村生计、青年失业、性别不平等和农业经营）的实体。这些机构通过撬动一种或多种现有或者新兴的数字技术来实现数字化转型。在日本等国家，随着"5.0社会"倡议的提出，数字转型旨在影响日本国民生活的方方面面[①]。影响的广度甚至远超过其他国家"工业4.0"这一愿景。"5.0社会"旨在通过借助经济数字化推动日本社会各层面以及社会本身向数字化转型来应对各种挑战[②]。

数字化转型过程中风险与利益并存。随着数字信息和数字工具的获取方式变得愈加便利，农业粮食产业和农业企业的区位选择以及企业与农民的合作关系变得更加灵活。然而，也要注意到由于城市自身具备相对发达的数字生态系统，社会经济的发展也主要集中在城市。与此同时，城市化进程持续加快、中高等收入阶层快速崛起并涌入城市，在这一强劲势头的推动下，一个地区从数字化转型中受益可能性也大大增加。但在某种意义上，数字化还会导致社会经济和城乡差距进一步扩大，加剧现有数字鸿沟。

例如，数字鸿沟是不包容、贫穷和不平等的一种表现。由于失业的影响，数字鸿沟还在持续加剧，这也导致某些国家数字技能项目运行不畅以及社会文化准则规范失调，因而剥夺了妇女平等享受数字化服务的机会[③]。联合国粮农组织和其他联合国机构致力于缩小数字鸿沟，承诺确保每人都能享受信息社会发展带来的成果并确保这些成果能够推动可持续发展。联合国大会在2015年信息社会世界峰会（WSIS）成果十年回顾中重申了上述承诺[④]。

数字鸿沟主要表现为两大问题。首先，由于数字传输设备造价成本高且

[①]　https://www.gov-online.go.jp/cam/s5/eng/.

[②]　https://www.i-scoop.eu/digital-transformation/ #Digital_maturity_benchmarks_and_ digital_transformation_strategy.

[③]　http://www.hsrc.ac.za/en/research-outputs/ view/8589.

[④]　http://workspace.unpan.org/sites/Internet/ Documents/UNPAN96078.pdf.

贫穷社区基础设施不完善（电力供应断断续续、信息通信技术缺乏），因此贫穷社区享受的数字技术很有限。从全球来看，贫穷社区和发展中国家的农村女性从信息通信技术的变革中获益最少。在南非，由于社会经济发展的差距，据统计35%的家庭无法接入互联网（世界银行，2018）。此外，在中低收入国家，使用互联网的女性人数比男性少16%，拥有手机的女性人数也比男性少21%。另一方面，印度农村地区只有25%的女性可以上网[①]，这一比例比印度城市地区低得多。第二个问题是农村居民获得数字技能培训的机会有限，数字操作技能比较弱，难以抓住数字技术带来的机遇。

1.3 本书结构

本书的编排分为四大部分，依据内在逻辑结构层层推进。相关背景和结论是基于现有成果得出的，反映了不同国家数字技术发展的不同水平，虽然没有完全进行横向对比，但可以确定哪些国家在现有农业领域以及农村潜在地区推广数字技术处于"最先进水平"。

最后，通过成型的案例进行影响分析。案例虽没有进行详细描述，代表性也略显不足，但可以说明数字技术如何在农业和粮食领域产生成效。

以下是本篇报告中不同章节的内容梗概。

第2章 数字化转型的基本条件；

第3章 农业数字化转型的推动因素；

第4章 数字技术对农业粮食系统的影响——案例研究证据；

第5章 结论和未来工作。

---

① www.financialexpress.com/industry/ mobile-handset-penetration-why-rural-consumer-is-not-rural-anymore/788513/.

第 2 章
数字化转型的基本条件

能与大自然充分接触、生活成本较低、生活方式自由等，凭借着这些优势，小城镇和乡村本身就很有吸引力。然而，近年来人口萎缩、教育水平低、就业机会少等因素导致许多城镇和农村经济发展日益下滑。IT基础设施是数字时代实现社会繁荣的必备条件，众多城镇和农村虽具备驱动经济增长和技术创新的潜力，但往往缺乏基本的IT基础设施。随着农村大量本土居民外迁定居，IT设施短缺的趋势日益严重。众多商家可依靠数字技术提供数字化的产品和服务，推广数字技术不仅对小农户和农村电商异常重要，而且更有利于促进农村电商的全面发展：整合供应商和市场信息、开发劳动力潜能、建立战略伙伴关系，此外还可以获取中介支持服务，如培训、融资、法律咨询等服务。总之，数字技术可以帮助商家打通市场、连接消费者。实际上，若小农户和农企无法获得高质量的IT设施服务，那么无论哪一方面都处于不利地位。

但是，如果从更广的角度来看待IT设施成本，并将IT设施视为全方位获取公共产品和服务、就业机会和教育机会的基础条件，又该如何呢？支付能力与个人的经济状况息息相关。那些最不发达国家和发展中国家的农村贫困居民在进入劳动力市场之前是否支付得起以下服务费用（掌控数字技术、接受合适教育、获得有利技能）呢？

完善的配套设施为推动农业、农村的数字化转型奠定了基础，同时也是引进新技术的前提。适应数字技术发展的传统条件包括：互联互通（移动订阅用户、网络覆盖、宽带和互联网接入）、支付能力、教育水平（识字率、IT的应用、师资力量）、农村就业状况。农村从IT设施中获益的潜力是一个永恒的话题。第1章列出了与IT设施有关的数据，包括农村宽带和互联网的接入状况，表明广大农村社区中基础设施配套的薄弱。第2章从全球层面分析相关数据，提及到"数字鸿沟"，部分数据还涉及农村的"三重鸿沟"。此外，还分析了农村尤其是农业粮食行业的就业数据。第3章着重分析相关政策和监管体系，这些政策为营造一个自由、竞争的数字市场创造了有利环境，提升了电子服务水平，从数据管理、数据所有权到数字政策的出台，政府和企业都在积极推动数字农业的发展。

2.1 农村信息技术设施和网络的建设情况

数字化时代，信息通信技术①在人们日常生活中变得异常重要。伴随着信息技术的普及和推广，人们获取知识和信息、商贸往来、享受多元服务的方式都发生了重大变化。然而，不同国家和同一国家的不同地区之间，获取信息通信技术所带来的利益和机会是不平等的。在无线通信技术和通信市场自由化的驱动下，最不发达国家中手机普及的速度之快远远超出预期。最近以来，最不

---

① 信息通信技术是指手机、电脑、收音机、电视等。

发达国家和发展中国家使用电脑和互联网的人数增长很快，但与发达国家相比，依然存在很大的数字鸿沟（欧盟议会，2015）。

2.1.1 互联互通：移动订阅和宽带设施的普及情况

几个因素影响了不同地区和经济体之间的数字鸿沟。一方面，发展中国家依然致力于在国家计划中保证重大项目的关键性资金，通过列支IT设施建设赤字来应对日益增长的社会和经济挑战，尤其是在新兴经济体国家，城镇化发展迅速、人口日益增加，这一挑战更加突出。另一方面，很大比例的世界人口（主要是农村人口）日益变得边缘化。配套基础设施缺乏、支付能力低、技能不够、本地宽带容量不足，导致IT基础配套设施的差距越来越大（联合国宽带委员会，2017）。目前数百万人生活并工作在农村社区，但是移动网络运营商主要分布在城市，通常城市基础设施所需的成本投入低于农村，并且城市消费者的购买力也大于农村，这自然而然导致城乡网络发展的巨大差距，城乡生计出现了技术真空。考虑到农村社区获取知识、信息和服务与城市的差距较大，许多学者认为信息通信技术是减少农村贫穷的必备手段（世界银行，2011）。实际上，信息通信技术尤其是移动服务在偏远农村社区有巨大的潜力，可创造巨大的社会经济利益。最不发达国家和发展中国家采用移动技术所带来的利益主要集中在（但不限于）农业、卫生和金融行业(Boekestijn et al., 2017)。

2.1.1.1 手机使用情况

现在无论是城市还是农村，信息通信工具相比以前更加便宜。如今很多家庭都能接触并可支付信息通信工具的费用，尤其是智能手机的推广使用。许多人有不止一部手机，借此可充分享受网络覆盖的便利以及多家手机服务商所提供的价格服务，此外许多客户由于经营生意的需要，配备了私人手机和专用通信手机，这一切导致如今手机用户总量超过地球人口总量。截至2018年，手机服务订阅用户高达51亿，占全球总人口的67%。2013年以来，订阅用户总人数增加了10亿人（年均增长率达5%）（全球移动通信系统联盟，2019），然而依然有38亿人与网络脱节。大多数无法上网的用户居住在农村或偏远地区，至今尚未用过电话，完全与世界隔离（全球移动通信系统联盟，2018c）。伴随着全球各大城市的互联互通，农村居民更多时候处于与世隔离的状态。与此同时性别差距也凸显出来。女性即使拥有手机，使用频率也低于男性，除了语音通信服务以外，享受的其他移动服务也低于男性（Isenberg，2019）。

未来几年，随着年轻一代逐渐成为手机用户，用户增长量在人口结构方面相应发生改变（全球移动通信系统联盟，2018b）。在农村社区网络连接方面，青年用户数量的激增给网络运营商既带来机遇也带来挑战，未来信息通信发展的机遇主要集中在农村和欠发达国家。从全球来看，超过2/3的潜在手机用户主要分布在最不发达国家的农村和偏远地区，但网络推广的商业模式成本太高，投资所带来的收益也让人不满意。对众多网络运营商来说，在农村和偏远地区尝试安装固定电话是一种昂贵的投资。因此手机便成为农村居民恰当的选择，借助手机可以实现与世界的网络连接。

在中国，固定电话曾被看作农村居民基本的通信工具，而今农村手机用户数量却远远超过固定电话用户。如今在家安装固定电话的家庭仅占29.2%，而手机用户家庭占比已超92.9%[①]。目前印度农村手机应用市场订阅用户已达4.99亿人，其中1.09亿用户拥有智能手机，在新手机用户增长中占比60%。按此种手机市场份额增长速度，预计到2020年印度农村手机用户数量将达到12亿人[②](Kantar-IMRB, 2017)。撒哈拉以南的非洲国家手机用户达4.44亿人，在全球手机用户中占比9%，其中1/3（2.5亿人）的用户使用智能手机，预计到2025年手机用户会增至6.9亿人（全球移动通信系统联盟，2018a）。

然而，手机用户的快速增长不意味着在城乡、性别和青年用户等层面的比例分布是均衡的。手机的使用情况依然存着很大差距和诸多不平等(Rischard, 2002)。在印度，不同的邦内手机用户情况千差万别，一方面，在德里、卡纳塔克邦（首府班加罗尔被认为是印度的"硅谷"）和马哈拉施特拉邦（首府孟买被认为是印度的金融首都）等邦，平均每100名居民手机持有量达156部，但网络服务订阅用户却为61户；另一方面，传统农业邦如比哈尔邦和北方邦，每100名居民网络服务订阅用户才为30户(Pick and Sarkar, 2015)。全球区域差异更是明显，如圣保罗（220万人口）和东京（370万人口）（联合国经济和社会事务部，2018)两个城市固定电话用户总量比撒哈拉以南的非洲国家加起来还要多。而刚果民主共和国农村人口占比为58%，这种差距更是肉眼可见。相反，Ebongue（2015）在喀麦隆农村和郊区所做的研究发现，智能手机用户多达92%，平板电脑用户约为8%，没有任何通信工具的用户不到5%。根据Poushter和Oates的研究（2015），在加纳、乌干达、坦桑尼亚和肯尼亚等国家，平均每10人中只有1人拥有1部手机。今天，随着手机价格不断下降，通信网络不断完善，诸如按需付款等支付方式的创新，意味着手机再也不是城市精英阶层才能支付和使用的通信工具，日益变成众多国家农村居民的重要资产(Hahn and Kibora, 2008)。2016年全球每百人手机用户分布如图2-1所示，2018年世界各地手机用户普及率和智能手机普及率如图2-2所示。

在中国，半数国人拥有智能手机的总量突破7.75亿，其数量遥遥领先其他国家。阿拉伯联合酋长国是世界上智能手机普及率最高的国家，82.2%的居民人手1部智能手机，而孟加拉国是智能手机使用率最低的国家之一，仅为

[①] www.chinadaily.com.cn/a/201807/02/ WS5b3992b0a3103349141e01d2.html.

[②] 本版图书由2019年英文版翻译而来，此为原版2017年估计数字。——编者注

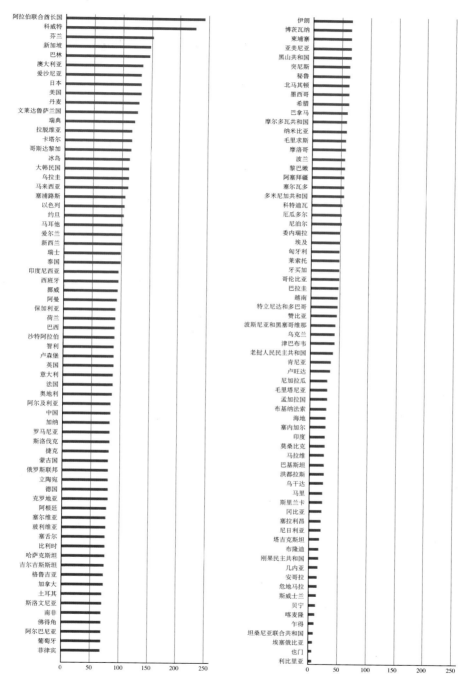

图2-1　2016年全球国家和地区每百人手机用户分布
（资料来源：国际电信联盟，2017）

5.4%^①。皮尤研究中心（美国调查机构)2014年的调查研究表明，尼日利亚和南非90%的成年人中，手机是最普遍的通信工具。与此相反，撒哈拉以南非洲国家中17%的居民没有手机，其中一多半居民可以使用手机。截至2017年，最不发达国家的手机用户已达7亿，手机普及率为70%，对依然与网络隔绝的12亿人来说，这是一个积极信号。

图2-2　2018年世界各地手机用户普及率和智能手机普及率（%）

(资料来源：全球移动通信系统联盟，2019)

2.1.1.2　移动宽带覆盖范围和地区差异

87%的世界居民现在可接收到手机信号，其中55%的居民可享受到3G网络覆盖(全球移动通信系统联盟，2019)。世界上20%最贫困家庭中，每10户人家有7户拥有1部手机。相比通电和饮用清洁水，最不发达国家和发展中国家中更多的家庭拥有手机(国际电信联盟，2018)，但是一些家庭依然无法享受3G服务。3G网络的地区差异依然很大。几内亚比绍3G信号覆盖率仅为8.2%，而诸如欧盟成员国这样的发达国家、巴巴多斯（拉丁美洲国家）以及阿拉伯联合国酋长国等其他国家，3G信号覆盖率已达100%。

除了区域和城乡差距，新兴经济体国家的偏远农村又出现了新情况，即偏远村庄与最近的信号基站相隔几十英里^②。众多非洲国家中，大城市以外的农村和偏远地区，3G信号人口覆盖率不到10%^③。区域差距更是明显，尤其

---

① www.bankmycell.com/blog/how-many-phones-are-in-the-world.

② 英里为英制长度单位，1英里≈1.61千米。

③ https://webcache.googleusercontent.com/ search?q=cache:-CpYrQooXkgJ:https:// www.quortus.com/rural/+&cd=1&hl=en &ct=clnk&gl=it.

是近年来4G网络通信的快速发展。撒哈拉以南的非洲国家4G信号覆盖率只有6%，不到欧洲（46%）和亚太（45%）的1/7（全球移动通信系统联盟，2019），2018年全球智能手机和普及情况见图2-3，2016年全球3G信号覆盖率见图2-4。

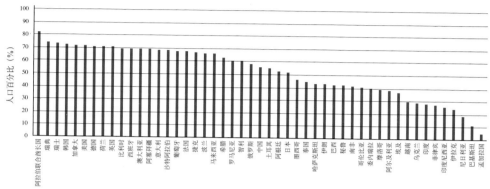

图2-3　2018年全球智能手机普及情况
（资料来源：Bank My Cell，2018）

2014—2018年，3G通信覆盖了超过90%的世界人口，总覆盖人口增加11亿人。同一时期，全球4G通信覆盖率翻了一番多，覆盖人口从36%增至80%以上，新增覆盖人口28亿人。然而，农村通信覆盖率增长依然有限，尤其是最不发达国家的农村地区，3G通信网络只覆盖约1/3的农村人口（全球移动通信系统联盟，2019）。

2.1.1.3　移动宽带手机情况

世界的"另一半"人口（38亿人）仍无法实现互联互通，要改变这一现状，宽带技术发挥着重要的作用[1]。世界人口中45%的居民生活在农村地区，其中又有20%的居民生活在偏远地区（联合国经社部，2018），如何让移动宽带覆盖范围至这38亿人口是异常困难。农村居民的分布往往呈现出村到村的点状分布，比较分散，因此移动网络运营商在农村建设IT基站的商业模式几乎无利可图（全球移动通信系统联盟，2017a）。过去5年中，移动宽带手机用户年均增长20%以上。越来越多的用户不再局限于单一通话，纷纷尝试互联网服务，这为参与数字经济发展潮流创造了条件，截至2017年宽带订阅用户已达43亿（全球移动通信系统联盟，2019），2018年世界各地2G、3G、4G通信覆盖率见图2-5。

尽管发展中经济体和最不发达国家的互联网用户规模保持着高增长率，但是发达国家每100名居民中宽带手机用户数量是发展中国家的2倍，是最不

---

[1]　www.itu.int/en/mediacentre/Pages/2018- PR28.aspx.

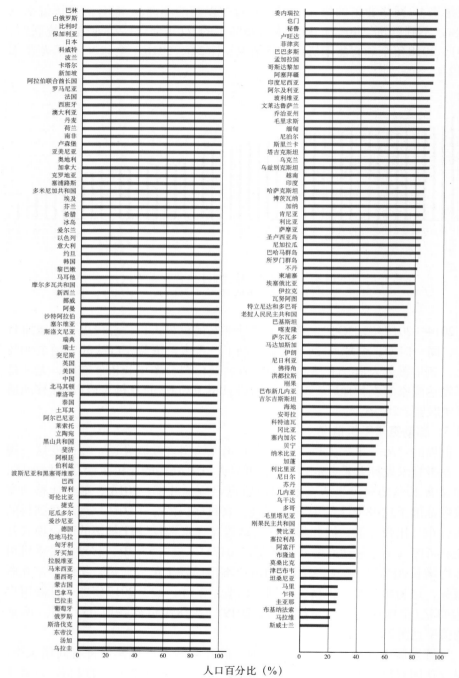

人口百分比（%）

图2-4 2016年全球国家和地区3G信号覆盖率

（资料来源：国际电信联盟，2017）

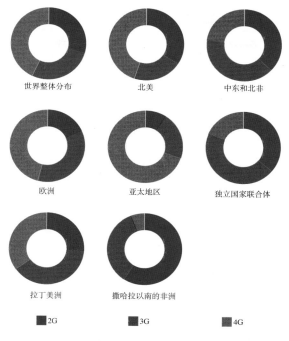

图2-5　2018年世界各地2G、3G、4G通信覆盖率
（资料来源：全球移动通信系统联盟，2019）

发达国家的4倍多（国际电信联盟，2017）。当然也有例外，如马来西亚、阿曼、加蓬、泰国等国家，其宽带手机用户数量要多于部分发达经济体（如英国、斯洛伐克等），2018年全球每100名居民中移动宽带活跃用户数量见图2-6。

　　欧盟28国中超过2.19亿的家庭（99.9%）至少可以使用一种固定宽带或移动宽带接入技术（欧洲委员会，2018年）；但是，宽带行业存在着多种多样的差异：无论是发展中国家的偏远社区还是发达国家的度假屋、单身住宅都有自己的具体要求。欧盟28国中，农村宽带覆盖率持续低于欧盟所有成员国的全国覆盖率。2017年，尽管欧盟28国中92.4%的农村家庭至少能使用一种固定宽带技术，但只有46.9%的农村家庭可享受4G这类新一代高速网络服务，89.9%的农村家庭可接触到LTE网络（欧洲委员会，2018）。部分非洲国家如安哥拉、加蓬和赞比亚，整个国家的网络覆盖率在5%～10%；然而未来这些国家的农村和偏远地区获得移动网络覆盖的可能性也很小。类似情况同样出现在亚太地区的一些国家，如越南、缅甸、老挝等，2016年全球LTE/WiMAX（微波访问互操作性）覆盖率见图2-7，2016年接通互联网家庭比例见图2-8。

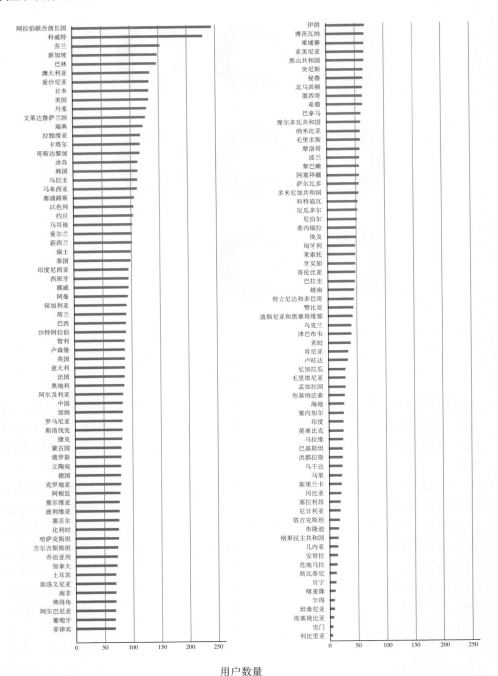

用户数量

图 2-6　2018 年全球国家和地区每 100 名居民中移动宽带活跃用户数量
（资料来源：国际电信联盟，2018）

人口百分比（%）

图2-7　2016年全球国家和地区LTE／WiMAX（微波访问互操作性）覆盖率（人口百分比）
（资料来源：国际电信联盟，2017）

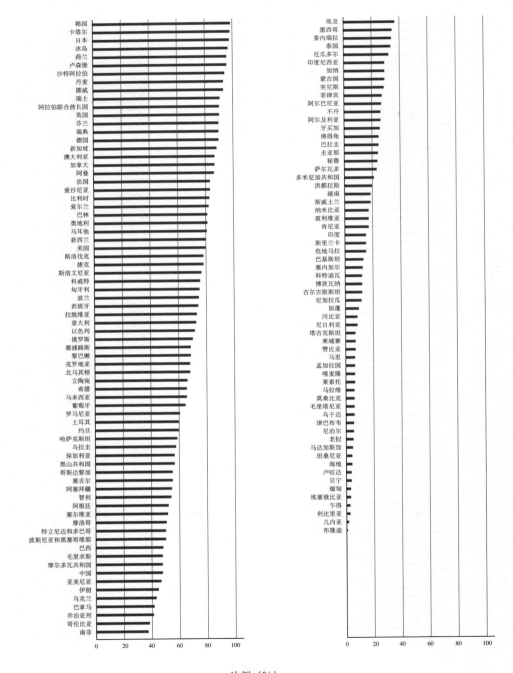

比例（％）

图2-8　2016年接通互联网家庭比例
（资料来源：国际电信联盟，2017）

2.1.1.4　农村互联网的普及情况

互联网是21世纪社会经济发展的最重要推动因素，而农村互联网的普及情况是检验数字鸿沟的重要参考。虽然全世界的网民数量已达32亿人，但依然有40亿人无法上网，无法获取互联网带来的机遇，更无此意识（全球移动通信系统联盟，2017），尤其是在最不发达国家中，2015年每10人中仅有1人能够上网（国际电信联盟，2015）。按目前趋势来看，到2020年世界上依然有50%左右的居民无法上网，到2025年这一数字为40%（全球移动通信系统联盟，2018d）。

虽然网络质量总体上得到很大提升，但是不同国家之间差别很大。领先的运营商平均下载速度可达40兆，但是大部分国家（75%）的下载速度还不到其1/3（全球移动通信系统联盟，2019）。欧洲在互联网接入名单中排名靠前，76%的欧洲人可以上网，而非洲国家只有21.8%的居民可以上网（联合国宽带委员会，2017）。在其他一些国家，情况更加糟糕，利比亚只有3%的家庭可以上网，莫桑比克上网人数占比为16.2%，而突尼斯网络覆盖率已扩至1/3的家庭（37.5%），已超过非洲国家的平均水平。另外，2017年欧盟28个成员国中互联网的覆盖率已上升至87%，相比2007年增长了32%（欧盟统计局，2018a），是非洲的4倍。

尽管发达国家和发展中经济体的互联网普及率都比较高，但是城乡之间的数字差距依然很大（La Rose et al., 2011; Rivera, Lima and Castillo, 2014）。尽管没有数据能够测量农村地区ICT的指数，但是农村人口理应与城市居民一样享受快速、可靠的互联网服务。美欧之间的互联网流量是美非之间的100倍，是美拉之间的30倍。富裕国家互联网主机的持有率为95%，而非洲国家只有0.25%。考虑到非洲每100人只有不到5部固定电话，足可见一个国家真正实现全国范围网络互通的难度之大(Rischard, 2002)。

世界上网络连接率最低的25个国家中，有20个在非洲。在这20个国家中，只有22%的家庭能够上网（国际电信联盟，2018）。最不发达国家的农村能否接入互联网格外令人关切，这些国家的人均国民收入和社会经济发展水平较低，一些国家(如中非共和国、毛里塔尼亚、孟加拉国、也门等)的偏远农村社区一旦接入互联网，便可享有较高的互联网边际效益。

图2-9突出显示了中国城乡互联网普及度的差距（CNNIC, 2017）。图中数据也反映了印度农村互联网普及的微增长趋势，过去三年印度农村的互联网覆盖率增长了2.5%。由于网络也有脆弱性和不稳定性等缺陷，再加上通信工具和互联网的高额成本，导致在最不发达国家和发展中国家接入互联网依然受限(Chair and De Lannoy, 2018)。

在拉丁美洲，农村家庭接入互联网依然受限。大多数国家互联网的覆盖率低于5%，尤其在玻利维亚、尼加拉瓜、萨尔瓦多、秘鲁和哥伦比亚等

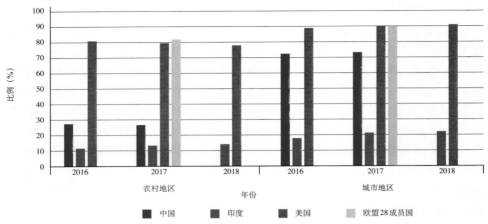

图2-9　2016—2018年部分发达国家和发展中国家城乡互联网普及情况
（资料来源：CNNIC Kantar-IMRB，皮尤研究中心和欧盟统计局）

国家的农村地区，互联网几乎不存在，只有哥斯达黎加（42.6%）和乌拉圭（49%）是例外（拉丁美洲和加勒比经济委员会，2019）。其中一个主要原因是农村地区互联网覆盖率较低，例如，80%的秘鲁农村没有网络覆盖（FITEL，2016）。除了乌拉圭，农村居民主要是在家外上网，并用于工作。在中美洲一些国家，人们普遍在公共网络中心上网。总体来说，与城市居民相比，拉美国家农村居民的上网机会更少，不论是在家还是远程上网中心、网吧、学校或者是朋友和亲戚的家中都存在这种现象(拉丁美洲和加勒比经济委员会，2012)，2014年部分拉美国家城乡互联网差距见图2-10。

在美国、欧盟28成员国这样的发达国家中，城乡之间的互联网差距通常

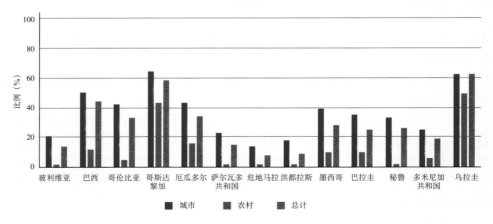

图2-10　2014年部分拉美国家城乡互联网差距
（资料来源：CEPLSTAT, 2019）

要小于其他国家。欧盟28成员国2017年城乡互联网差距只有8%，美国2018年城乡互联网差距为13%。美国有将近1 900万人生活在农村，这部分居民缺乏优质的互联网资源[①]。2016年欧盟28成员国农村社区中2/3（62%）的居民可以每天上网（欧盟统计局，2018a）。然而，这种情况并不适用所有的欧盟成员国，成员国间差距也很明显。保加利亚城乡互联网差距可达25%，而荷兰城乡差距只有2%，卢森堡的城乡互联网差距则为−2%，这意味着卢森堡农村的上网条件要好于城市，2017年欧盟28成员国中不同城市化水平对应的家庭互联网使用情况见图2-11。

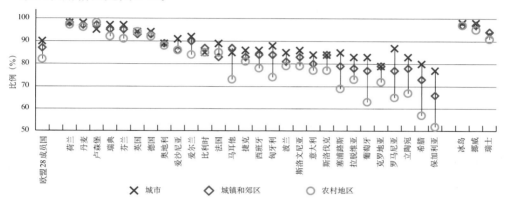

图2-11   2017年欧盟28成员国和其他国家及地区中不同城市化水平对应的家庭互联网使用情况

（资料来源：欧盟统计局，2018a）

2.1.2   支付能力：成本是农村人口是否采用ICT的前提

低收入国家中高速宽带服务的可获得性和可负担性仍然充满挑战。在大多数低收入国家，每月至少1GB数据的固定宽带价格相当于人均国民收入的60%甚至更高。此外，在提供宽带服务的最不发达国家中，速度和质量明显低于发达国家（国际电信联盟，2017）。

全球范围内，2013—2016年移动宽带价格在人均国民收入中占比下降一半，其中最不发达国家中下降尤为突出，从32.4%降至14.1%。在大部分发展中国家，移动宽带服务价格比固定宽带服务价格更优惠。然而，在多数最不发达国家中，移动宽带价格仅占人均国民收入的5%或略多一点，因此绝大多数居民还是无法享受这一服务。在最不发达国家，平均而言，入门级固定宽带手机费用是入门级移动宽带手机费用的2.6倍（国际电信联盟，2017），2016年全球移动宽带价格在人均国民收入占比分布见图2-12，2016年不同经济水平的国家移动宽带价格在人均国民收入中占比分布见图2-13。

[①]   https://docs.fcc.gov/public/attachments/ DOC-356271A1.pdf.

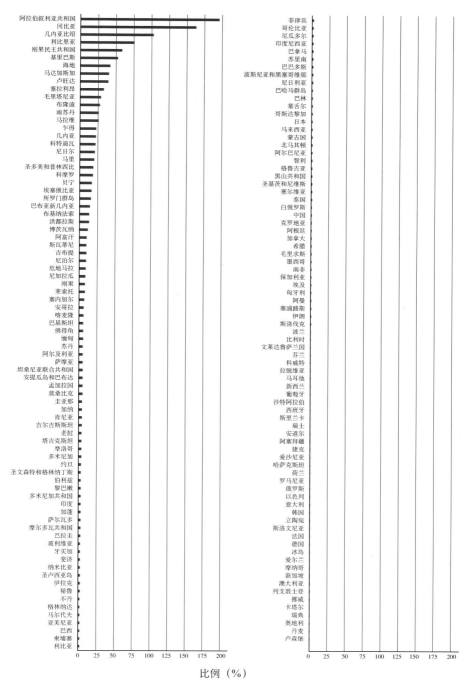

图2-12　2016年全球移动宽带价格在人均国民收入中占比分布
（资料来源：国际电信联盟，2017）

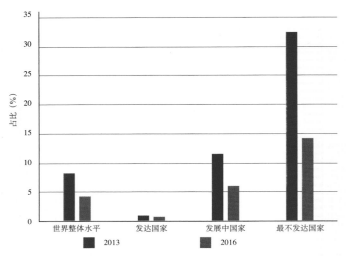

图2-13　2016年不同经济水平的国家移动宽带价格在人均国民收入中占比分布
（资料来源：国际电信联盟，2017）

　　亚洲各国整体能负担得起本国上网成本。中国平均上网成本为41美元，印度2018年平均上网价格仅为28.23美元。但部分亚洲国家上网成本异常高，如文莱2018年宽带平均成本为123.29美元，老挝则为239美元，这两个国家实属例外，与亚洲整体上网情况不符。上网费用比较低的国家有斯里兰卡（5.65美元）、俄罗斯（9.77美元）、叙利亚（13美元）。亚洲国家的网速也是因国而异。新加坡网速在亚洲乃至世界都处于领先地位，平均网速为60.39兆位/秒，日本在全球中排第十二，平均网速为28.94兆位/秒。

　　与世界其他地区相比，非洲的互联网发展情况无论是价格还是质量都处于落后状态。即使是基本的智能手机也已跌破了每台100美元的"临界点"（在卢旺达，Tecno S1移动版售价仅为33美元）[①]，因此许多公司正在推出专门针对非洲市场的新型可负担手机销售模式（麦肯锡咨询公司，2013）。世界上25个互联网普及率最低的国家中有20个来自非洲，并且只有22%的家庭可以访问互联网，这些家庭中也只有24%的个人能够实际使用互联网（国际电信联盟，2018）。非洲是世界上网最困难的地区且内部差距大。埃及2018年月均上网成本接近14美元，但其他国家如布基纳法索、纳米比亚以及毛里塔尼亚，月均上网成本分别高达202美元、384美元和768美元，各国上网成本差距异常大。一半以上的非洲城市居民已经可以享受互联网服务。目前非洲智能手机的普及率为25%，部分国家可达到50%。这意味着未来十年内非洲会有3亿部智能手机的缺口。个人电脑、笔记本电脑和平板电脑的普及率可能会翻倍，达到40%（麦肯锡咨询公司，2013），2019年全球1GB流量平均成本分布情况见图2-14。

---

　　①　www.tigo.co.rw/tecno-s1.

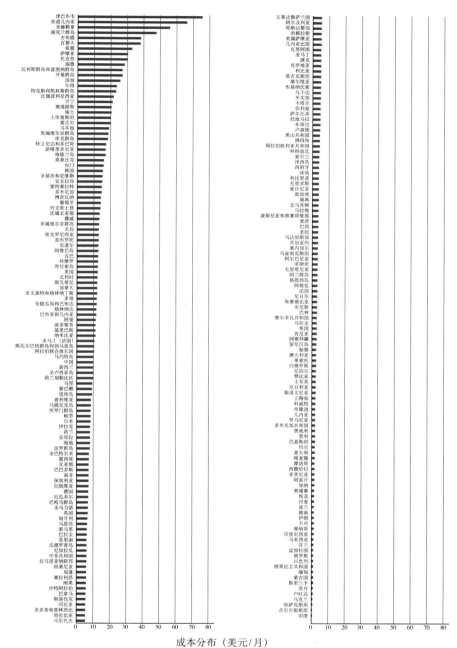

成本分布（美元/月）

图2-14 2019年全球1GB流量平均成本分布情况

（资料来源：Cable, 2019）①

① www.cable.co.uk/broadband/deals/ worldwide-price-comparison/.

2.1.3 本节小结

过去5年，亚太和非洲国家推动了手机用户的增长。与此同时，美洲手机用户增长较慢，欧洲和阿拉伯国家甚至出现了下降趋势。然而，依然有许多人没有或者不会使用手机。手机用户的增长并不意味着每个人都能平等享受手机带来的服务，在一组特定人群中，城乡、性别和青年群体之间依然存在着巨大的不平衡。目前，4G正成为全球领先的通信技术，覆盖了全球34亿人口，占世界总人口的43%。然而对于农村居民来说，4G信号覆盖的可能性依然受限，尤其是在最不发达国家，目前只有约1/3的农村居民仅能被3G网络覆盖。

智能手机正慢慢超越普通功能型手机，并成为互联网经济的焦点。智能手机连接设备的范围（互联网访问渠道）也大大超过以往。创造条件积极推广智能手机是改善互联网普及状况的一种可能。智能手机和移动宽带在发展中国家的增速都快于发达国家。尽管增长率如此之高，但发达国家每100名居民中移动宽带手机用户仍然是发展中国家的两倍，是最不发达国家的四倍。

总而言之，当今世界96%的居民日常生活被手机网络覆盖。此外，90%的居民可通过3G或更高质量的网络上网。这一切意味着我们距实现2030年议程目标之一（2023年互联网全球覆盖率达96%）不再遥远。

如今，许多人可以访问互联网，但实际上并没有真正使用互联网，互联网的全部潜力仍未有效发挥。的确，发达国家和发展中国家互联网的普及率很高，但互联网访问用户的分布日益不均衡，城乡差距仍然很大。尽管近年来手机和移动宽带价格总体呈下降趋势，但支付能力仍然是推广ICT的主要障碍之一，并且依然是多数最不发达国家面临的挑战。网络支付能力低是手机用户的主要障碍。在全球最不发达国家中，每月至少1GB数据的固定宽带价格相当于人均国民收入的60%甚至更高。此外，最不发达国家所提供的网络服务，其速度和质量通常低于发达国家。

2.2 农村人口的教育程度、数字素养和就业状况

目前，数字技术正以创纪录的速度从根本上改变着人们的生活、工作、学习和社交方式。数字技术为全方位改善生活方式提供了可能性，如获取信息、知识管理、上网、社会服务、工业生产和工作模式等。然而，部分群体无法使用数字技术，也不具备操作该技术所需的知识、技能和能力，最终可能会在日益数字化的社会中被边缘化。开展扫盲行动、在教育系统中引入数字工具、大力推动农村就业，可以引导农村居民（尤其是青年和女性群体）更好地适应数字化社会的发展潮流，进一步缩小数字鸿沟。

2.2.1　城乡识字率及差距

尽管优质教育是联合国可持续发展目标中优先选项之一，但联合国教科文组织统计研究所（UIS）（2017）的数据显示，7.5亿成年人（其中2/3是女性）仍缺乏基本阅读和写作技能。在文盲人群中，15～24岁的群体占13.6%（联合国教科文组织统计研究所，2017）。

全球几乎一半的文盲人口（49%）分布在南亚。此外，全球27%的成年文盲生活在撒哈拉以南的非洲国家，10%分布在东亚和东南亚，9%分布在北非和西亚，约4%分布在拉丁美洲和加勒比国家。在过去的20世纪，众多拉丁美洲国家的识字率提高了40%～50%，尽管如此，拉美各国差距仍较大。在21世纪初期，像海地这样的不发达国家有一半的人口依然是文盲。全球只有不到2%的文盲人群分布在其余地区（中亚、欧洲、北美和大洋洲），这些地区大多数国家居民识字率达到或接近100%。

撒哈拉以南的非洲和南亚国家的识字率最低。下列20个国家的成人识字率均低于50%：阿富汗、贝宁、布基纳法索、中非共和国、乍得、科摩罗、科特迪瓦、埃塞俄比亚、冈比亚、几内亚、几内亚比绍、海地、伊拉克、利比里亚、马里、毛里塔尼亚、尼日尔、塞内加尔、塞拉利昂和南苏丹（联合国教科文组织统计研究所，2017）（图2-15）。布基纳法索、尼日尔和南苏丹的识字率甚至低于30%。另外，莱索托的教育投入在GDP中占比为12%，是非洲识字率最高的国家之一，成人识字率约为85%。不同于大多数国家，莱索托的女性识字率高于男性[①]。

年轻一代（15～24岁）的受教育程度日益赶超上一代，受教育的机会不断增加。过去20年，全球青年识字率从83%上升到91.4%，同时文盲青年人数从1.7亿人下降到1.15亿人。2015年，在数据可查的159个国家中，101个国家的青年识字率超过95%（联合国教科文组织，2017）。在世界上教育水平比较低的地区，教育的代际变化尤为迅速，这给人以希望。撒哈拉以南的非洲国家青年识字率依然比较低，该区域不仅上学机会少而且教学质量也相对较差，学生过早辍学，导致青年识字率还不到50%。尽管初等教育已在全球普及，马拉维和赞比亚等一些国家的青年识字率依然较低（联合国教科文组织，2017）。过去的50年，南亚的不丹和尼泊尔、阿尔及利亚、厄立特里亚以及多哥的青年识字率增幅最大，其中阿尔及利亚和不丹两国的青年识字率状况改善尤为明显。50年前两国的青年识字率非常低，而到2016年两国具备基本识字技能的青年比例非常高（分别为94%和87%），这主要得益于他们接受小学教育的机会普遍增多（联合国教科文组织统计研究所，2017）。

---

① 　http://worldpopulationreview.com/ countries/lesotho-population/.

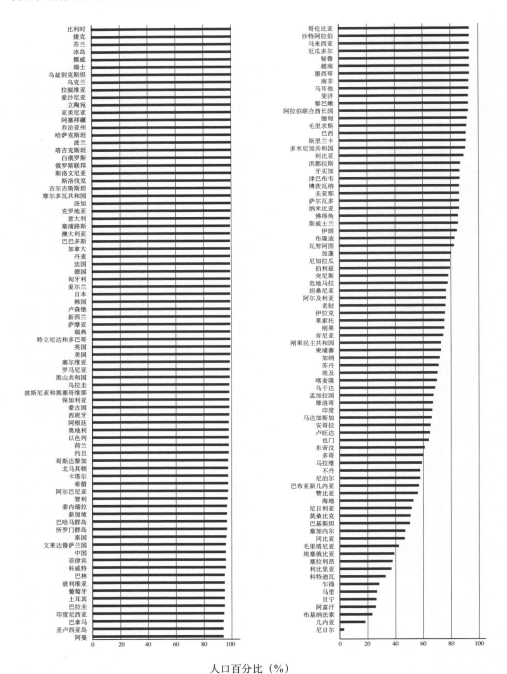

人口百分比（%）

图2-15　2017年全球国家和地区识字率分布图

（资料来源：联合国教科文组织统计研究所，2017）

青年识字率在南亚和西亚（从2012年的85.6%增至2016年的88.6%）及撒哈拉以南的非洲（从73%增至75.5%）增长最快。世界其他地区青年识字率或多或少都在增长（联合国教科文组织统计研究所，2017）。

尽管在有数据统计的国家和地区中，有60%已经消除或几乎消除了青年文盲这一现象，但区域差异和性别差异依然存在。最不发达国家的农村识字率最低，其中男性识字率高于女性。在撒哈拉以南的非洲国家中，这一差距最为明显，这些国家中农村青年的识字率仅为54%，而城区中青年识字率高达87%。例如尼日尔只有15%的农村青年可读懂一句简单的语句。在布基纳法索和乍得，这一数字为19%，而几内亚和科特迪瓦情况略好一些，农村青年识字率为35%。拉美和加勒比海最近几十年来，城乡青年识字率的差距快速下降。玻利维亚的城乡青年识字率差距仅为2%，而在巴巴多斯、哥伦比亚、乌拉圭和圣卢西亚等国家，城市和农村青年的识字率相同。海地是该地区文盲率最高的国家，74%的农村青年不识字（联合国教科文组织，2017）。

实际上性别差距伴随着区域差距。图2-16至图2-18清楚表明，城乡青年识字率差距较大的地区和最不发达国家中，其青年识字率的性别差距也很大。撒哈拉以南的非洲国家，青年识字率性别差距为18个百分点，而在最不发达国家，识字率总体性别差距为23个百分点。在东亚和东南亚，男性青年的识字率比女性低14%。在拉丁美洲和加勒比，青年识字率性别差距仅为2%。而欧洲和北美的这一差距非常小，在青年群体中已实现了识字率的性别平等。根

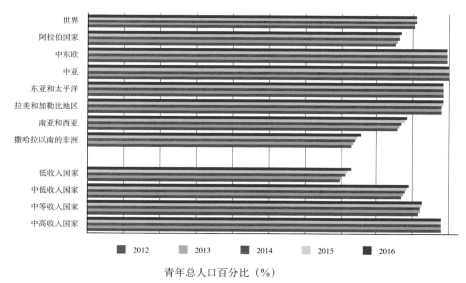

图2-16　2012—2016世界各地15～24岁的青年识字率柱状图
（资料来源：联合国教科文组织，2019）

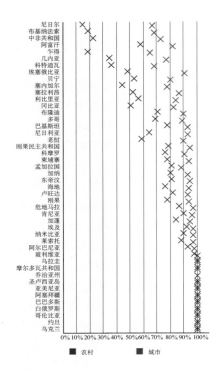

图2-17 多年来城市化水平对应的青
年识字率

（资料来源：联合国教科文组织统计研究所
数据库，2019）

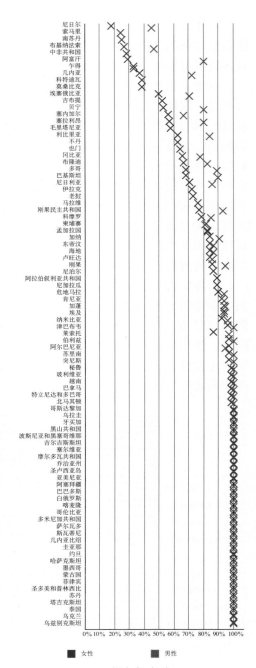

图2-18 多年来青年识字率的性别差距
（资料来源：联合国教科文组织统计研究所数据库，2019）

据联合国教科文组织（2019）的最新数据，阿富汗青年识字率性别差距最大，为50个百分点，其次是几内亚为45个百分点。

2016年，全球15～24岁年龄段青年中，近90%的女性具备了基本的识字技能。20世纪60年代以来女性群体取得的进步已超过男性。50年前，中亚、欧洲和北美的青年识字率几乎不存在性别差距，除此之外，世界其他地区女性青年识字率的提高幅度都明显大于男性。南亚和撒哈拉以南的非洲是女性进步最快的地区。50年前，中亚、欧洲和北美只有1/4的青年女子可读书写字，而如今年轻女性的识字率大幅提高，分别为86%和72%。在西亚和北非，年轻女性的识字率从50年前的43%提高至88%，进步尤其明显。女性识字率获得大幅提高的国家还包括阿尔及利亚、佛得角、柬埔寨、马拉维、阿曼、卢旺达和乌干达。这些国家中15～24岁青年识字率的性别差距已经或几乎消除（联合国教科文组织统计研究所，2017）。

2.2.2 信息通信技术引入教育的过程简介

教育体系和教学效果必须与数字化转型的步伐一致。现代教育体系目标受众多数是与数字化联系在一起的年轻人，这意味着教师必须具备适当的数字技能，且能满足学生的未来预期。发达国家的很多学生伴随着网络长大，接触到的高级技术也让他们掌握了先进的数字技能，因此期望自己的学习和教育环境能与日常生活水平保持一致。

数字技术的引入和应用使受教育机会比以往任何时候都容易获得。在正规和非正规教育的过程中引入数字化工具，如在线视频、大规模开放在线课程（慕课，MOOC）、手机学习软件、智力挑战游戏等，已大大提高了青年群体（尤其是农村青年）的电子识字能力。学校引进电脑、开设IT课程，教师借助数字教具进行创新型教学已成现实，这不仅是在发达国家的学校中，发展中国家亦是如此。

但是并不是所有青年学生都能在家或学校接触电脑或上网。最不发达国家的学生使用信息通信工具的机会远远落后于发达国家，导致了日益扩大的数字鸿沟和区域差距。经济合作与发展组织（OECD）的一份报告（2015a）强调了增强学生浏览数字文本能力的重要性，并明确指出所有学生必须首先具备基本的识字和计算能力，以便能够充分融入高度互联和数字化的21世纪社会。

因此，本报告表明，学生、计算机和学习之间的联系既不简单也不牢固，并且信息通信技术对教学的真正贡献尚未得到充分实现和发挥。2012年，经济合作与发展组织成员国中能够在家使用电脑的15岁学生占比96%，但在学校能够使用台式电脑、手提电脑和平板电脑的学生只占72%，还有一些国家能够使用电脑的15岁学生比例甚至不到1/2（经济合作与发展组织，2015a）（图

2-19）。在欧盟28个成员国中，50%的15岁学生能够就读配套高端的学校，而另外20%的学生几乎在课堂上从未使用电脑，并且能够就读配备高度数字化设备和互联网学校的学生比例差异很大，范围从35%（国际教育标准分类1）到52%（国际教育标准分类2）再到72%（国际教育标准分类3）之间不等[①]（欧洲委员会，2019）。相反，南非各个学校几乎都配置了信息通信工具。南非、博茨瓦纳和纳米比亚60%以上的小学都配有广播、电视或计算机，毛里求斯和塞舌尔的学校能达到90%以上。尽管尚未直接评估计算机对教学的影响，但据报道，这些国家的学生已取得了更高的成就和更好的成绩（Hungi，2011）。

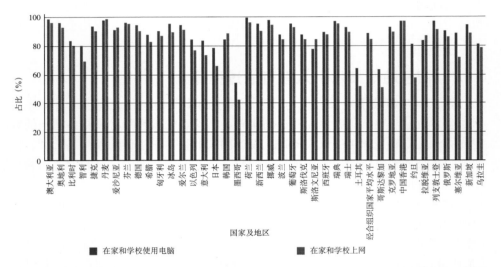

图2-19　2012年经济合作与发展组织成员国和部分伙伴国家和地区中家庭和学校使用电脑和上网的人数占比

（资料来源：经济合作与发展组织，2015a）

　　只有教职工支持引进新型现代教学设备（包括数字工具）才能取得上述成就。教师们必须跟上技术的更新换代，了解什么样的数字工具能更好地适合自己的学生并能把这类技术高效地用于课堂教学。如果教师希望继续激发青年学生的思维，并教会学生实用的数字技能来适应未来，那么老师首先自身必须转变为具有现代思维的教育者，2013年为教学培养自身信息通信技术技能的教师需求见图2-20。据欧盟委员会统计（2019），一些老师用自己的时间从

---

　　① 国际教育标准分类。

　　国际教育标准分类1：小学教育，持续时间通常为4～7年不等。国际教育标准分类2：初中教育，持续时间通常为2～5年不等。国际教育标准分类3：高中教育，持续时间通常为2～5年不等。

事有关信息通信技术的专业建设活动，其中每10名学生就有6名可参加这样的活动。信息通信技术的教师培训很少是强制性的。以大于等于25%且采用ICT进行教学的课程来测算，能够接触这种课堂教学的学生比例从71%（国际教育标准分类1）到58%（国际教育标准分类2）再到65%（国际教育标准分类3）不等，其中北欧最高（图2-21）。很多教师认为在教学中采用数字技术面临的主要障碍是平板电脑、笔记本电脑和台式电脑数量不足（欧盟委员会，2019）。

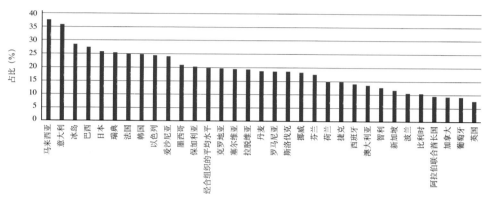

图2-20 2013年为教学培养自身信息通信技术（ICT）技能的教师需求
（资料来源：经济合作与发展组织，2015a）

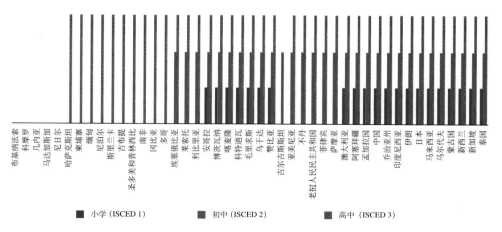

图2-21 部分国家及地区不同年级的计算机基础以及计算机教学目标（课程）和教学水平
（国际教育标准分类1～3）
（资料来源：联合国教科文组织统计研究所数据库，2019）

注：南非为2011年的数据；安哥拉、博茨瓦纳、多哥和赞比亚为2012年的数据；埃塞俄比亚、冈比亚、利比里亚和毛里求斯为2014年的数据。

学生和老师缺乏数字工具和使用技能，反映了学校开设ICT或者计算机课程的迫切需要。欧盟28个成员国中，学生很少定期参与编码/编程活动：79%的初中学生和76%的高中学生从来没有或几乎从未在学校参与过编码或者编程活动。而且，女生参加编码的次数更是少于男生。平均统计，高中阶段4/5的女生从未参加或者几乎没参加过编码实践（欧盟委员会，2019）。

经济合作与发展组织的一些成员国和发展中国家也出现了上述类似情况。联合国教科文组织（2019）最新统计数据显示超一半的国家在小学、初中和高中阶段开设了计算机课程，在某些情况下，尽管有能力满足国家课程的要求。例如，新加坡、日本和新西兰这样的发达国家有丰富的教学资源可以满足上述目标，而孟加拉国在学校传授计算机技能和开设计算机课程则面临着巨大的挑战。部分国家在各教育阶段没有把掌握计算机技能作为教学目标或者没有开设计算机课程，其培养重点放在中学教育。例如，亚美尼亚、不丹、老挝和菲律宾的学生从初中开始就强调基本的计算机技能，而柬埔寨、缅甸、尼泊尔和斯里兰卡等国家在高中阶段才开始培养计算机技能。吉尔吉斯斯坦专门在初中就开设计算机基本操作技能和计算机基础课程（亚洲开发银行，2012）。

尽管有些国家更有能力在教育中融入信息通信技术，但亚美尼亚、日本、哈萨克斯坦、马来西亚、菲律宾、新加坡、斯里兰卡和泰国依然保留正式提议——将信息通信技术融入各教学阶段的所有学科中。相比之下，不丹、吉尔吉斯斯坦、老挝和尼泊尔则没有将信息通信技术融入学校课程的正式提议（亚洲开发银行，2012）。尼泊尔中学阶段计算机课程仅仅是一门选修课程（尼泊尔，2012）。哈萨克斯坦制定了宏伟的目标——在本国所有学校所有学科中采用本地语言进行电子学习的一揽子课程，实现100%的网络全覆盖，消除国内的数字鸿沟（亚洲开发银行，2012），但是实现这一目标的过程可能很艰难。一方面，城市里的学校本身就具备获取网络学习资源的能力，这毋庸置疑。另一方面，将信息通信技术引进农村和偏远地区（尤其是在发展中国家和最不发达国家）是完全不同的景象。很多农村学校无法上网，即便发达国家也存在这种差距。

互联网普及情况在撒哈拉以南的非洲国家中也存在巨大差异。例如，布基纳法索、几内亚、利比里亚和马达加斯加的学校中，互联网的普及率可以忽略不计。总体来看，尽管布基纳法索综合中学互联网普及率还不到1%，马达加斯加和几内亚的中学互联网的普及率分别为3%和8%，即便如此，中学的互联网普及率依然要高于小学。尼日尔初中和高中互联网的普及率分别为2%和14%。尽管卢旺达在降低学习者/计算机的比率取得了进步，但是其国内的互联网普及率依然较低，小学和中学的互联网普及率分别只有6%和18%。与此相反，毛里求斯的小学和中学互联网的普及率分别为93%和99%，而博茨瓦纳，所有的公立中学都联入了互联网（联合国教科文组织，2015）。

　　亚洲各国的学校互联网的普及情况也是千差万别，学校缺乏电力和基本通信设备的国家已不多见。南亚的国家中互联网普及率比较低。例如，孟加拉国和尼泊尔的小学互联网普及率分别为3%和1%，中学互联网的普及率分别为22%和6%。类似地，斯里兰卡联入互联网的中小学加起来只占17%，其中1%的学校使用的是固定宽带。相比之下，马尔代夫的学校伴随着通电也普及了互联网，其中47%的学校安装了固定宽带。伊朗也取得了重大进步，74%的小学和89%的中学联入了互联网，其中54%的小学和74%的中学安装了固定宽带（图2-22）。下列因素导致了中亚互联网普及的差距，如险峻的山区地形，网络服务供应商（ISP）不愿意在人口密度低且无利可图的农村推广业务，再加上学校有限的预算无法支付网络服务费等。此外还出现了一些特殊情况，虽已经接通网络，但是由于外部开发伙伴削减资金导致网络服务被迫中止（联合国教科文组织，2014）。

　　互联网是开展教学的重要元素。虽然很少有学生专门依靠学校上网，但学校依然是学生上网的常见场所。欧盟28个成员国中至少有一半的学生热衷于每周至少一次利用互联网来学习。许多北欧国家的学生[①]（冰岛、丹麦和瑞典）在学校利用互联网来学习的比例很高，这些国家网络状况也存在着巨大差距。在欧盟28个成员国中，按照《国际教育标准分类》，城市、郊区以及农村学校中能够使用网速100兆以上的学生只占9%（欧盟委员会，2019）。

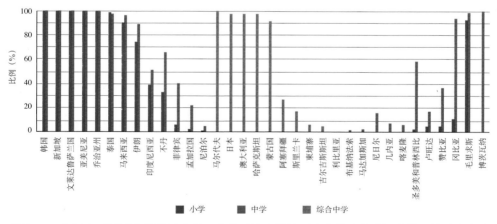

图2-22　多年来不同国家及地区小学、中学及综合学校（含小学和中学）安装网络的比例
（资料来源：联合国教科文组织统计研究所数据库，2019）

---

　　① 北欧国家通常是指丹麦、芬兰、冰岛、挪威和瑞典，包括它们的相关领土（格陵兰群岛、法罗群岛和奥兰群岛）。

　　解锁互联网访问权限可帮助农村学校在某种程度上实现网络的自给自足并引进最新的课程教学方案，获取可靠的电子学习资源，此外还可以享受网络视频和社交媒体所带来的其他好处。部分地区网络手机用户很少，导致了政府投资收益的递减，因此缺乏基础设施投资是农村社区面临的主要问题。此外，为农村学校配备信息通信技术工具并接通互联网的成本异常昂贵（尤其是在最不发达国家的农村），这成为农村学生上网的主要障碍。如图2-23所示，欧盟28个成员国这样的发达国家彼此也存在着差距。一间教室配备网络和先进设备的平均成本从224欧元/（人·年）到536欧元/（人·年）不等。这些设备包括数字技术设备、网络配件、教师授课所需的教学工具（欧盟委员会，2019）。安装无线网络的成本为8 000欧元/年（欧盟委员会，2019）。

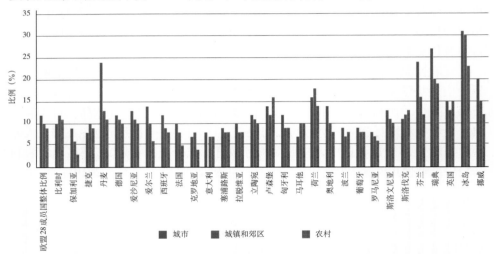

图2-23　2013年欧盟28成员国和其他国家及地区城镇和农村教学场所安装百兆以上网络的比例

(资料来源：欧盟统计局，2019)

基础设施的缺乏会导致城乡教育水平的差距不断扩大。农村地区教育质量低下、农村教学创新不足、缺乏适应不同学习风格的差异化教学方案，导致学生早早辍学以及工作机会减少。另外，农村青年的社会经济背景普遍较低，意味着他们经常会把大量时间花在校外的工作上，几乎没有时间上课和学习。所有这些因素导致了农村完成规定教育的学生比例要低于城市的学生。经济合作与发展组织（2018）从24个发展中国家调查得出的数据显示（图2-24），农村青年完成中学和高等教育的比例分别是10.7%和10.5%，而城市青年这一比例分别是33.3%和18.1%。这一差距在印度农村尤为突出，其中仅有4.5%的男生和2.2%的女生完成了规定教育并继续深造，而城市中这一比例为：男生17%，女生13%（公民社会组织，2018）。

学校出勤率的差距随着城市化水平而不断扩大，这一点在发展中国家（差异为15个百分点）和发达国家（差异为17个百分点）表现尤为突出。随着这两类国家收入差距的持续扩大以及财富分配的日益不均，农村青年群体更易决定早早辍学、移居城市以寻求更高质量的生活。从国家层面看，这种差距在下列国家中表现特别明显：埃塞俄比亚、老挝、柬埔寨、秘鲁、玻利维亚、尼泊尔以及蒙古，这些国家的城乡差距已达20个百分点甚至更高。

2015年，欧盟28个成员国中受过高等教育的人口比例在农村达到27.9%的峰值，在城市中这一比例为48.1%。从国家层面分析，各成员国之间也存在巨大差异，主要体现在斯洛伐克、西班牙、希腊、匈牙利和爱沙尼亚的农村地区，其中罗马尼亚和保加利亚的差值最大（相差近40个百分点）。相比之下，在法国、德国、比利时、奥地利以及马耳他的城市居民中，早期辍学率也比较高（欧盟统计局，2018b）（图2-25）。

雇主的最低要求是希望毕业生能够熟练掌握所学技术，并能与工作中用到的技术相互关联、融合与协作。2017年世界各国大学毕业生的技能情况见图2-26。通常情况下，雇主的潜在期望与学校、学院和大学培养学生未来就业的方式不匹配，这一现象普遍出现在学术研究中作为一个课题持续存在。然而，借助合适的技术平台、正确的实施方案以及恰当的行业合作伙伴，众多大学开始为下一代营造良好的学习环境，通过为学生配备未来工作所需的技术设备，创建一个全方位的学习体验环境，从而更加高效地为学生的未来就业做准备（瑞士国际管理发展学院和美国思科公司，2015）。

2.2.3　农村和农业粮食行业的就业状况

未来15年，中低收入国家中约有16亿人将达到工作年龄。为新一代工人创造就业机会，同时为现有数十亿在岗职工维持并改善就业质量，将成为所有行业面临的巨大挑战，尤其是农业粮食行业（世界银行，2017）。纵观全

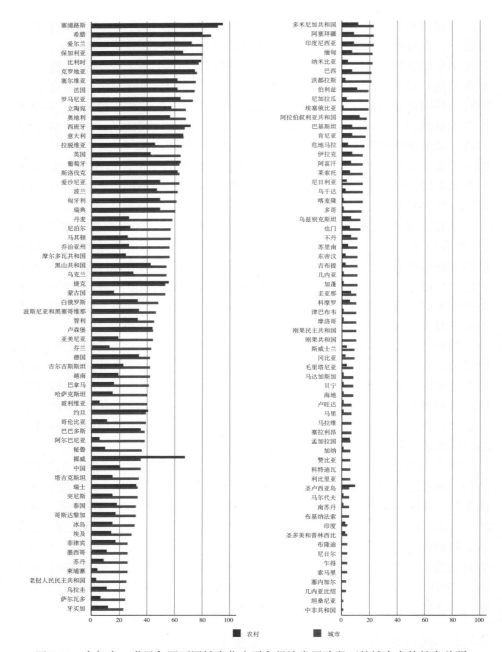

图2-24 多年来，世界各国不同城市化水平和经济发展阶段下的城乡高等教育差距
（资料来源：联合国教科文组织统计研究所，2018）

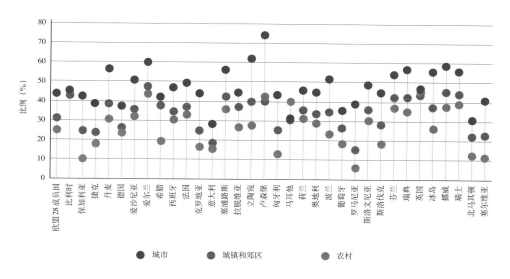

图2-25　2015年欧盟28成员国和其他国家及地区不同城市化水平20～54岁年龄段接受高
　　　　等教育（国际教育标准分类5～8级）的城乡居民占比
　　　　　　　　　　　　（资料来源：欧盟统计局，2018b）

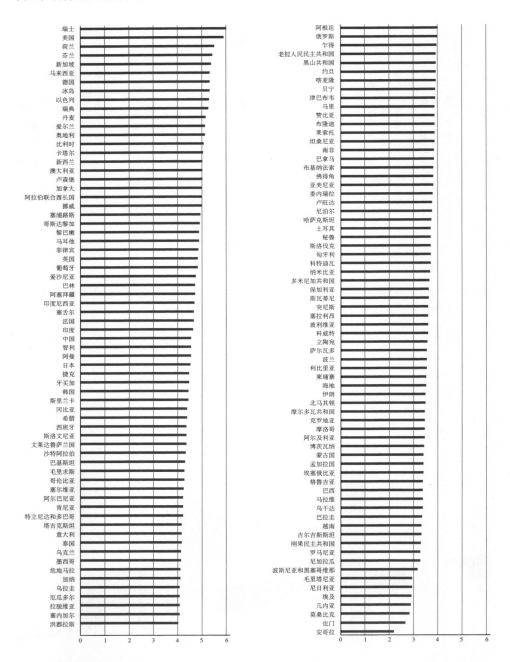

图 2-26　2017年世界各国大学毕业生的技能情况（级别：1 ~ 7，7为最高分）
（资料来源：2018 世界经济论坛）

球，近78%的贫困人口生活在农村，每天生活费不足2美元；63%的贫困人口（8/10）从事农业（Olinto et al.，2013）。在拉丁美洲和加勒比地区，1/5的工人居住在就业环境异常脆弱的农村（国际劳工组织，2016）。蓬勃发展的农村对区域和国家的经济发展至关重要，但农村经济往往面临各种各样的挑战，同样情况下城市克服此类挑战的可能性更大[①]。

2.2.3.1　农村就业的性别差距和青年就业状况

当今青年一代是世界上已知的最庞大群体：15～24岁的青年群体已达到12亿人，这意味着未来15年内需要创造约6亿个工作岗位才能满足年青一代进入劳动力市场的需求（Merotto, Weber and Reyes, 2019）。仅撒哈拉以南的非洲国家未来20年内，农村就业市场每年需增加1 000多万个工作岗位才能吸纳新的劳动力，私营部门承担着创造大批就业岗位的责任。

不论是撒哈拉以南的非洲国家，还是南亚、东亚、拉美、中东以及北非的大多数国家，24岁以下的年青一代在国家总人口中占比最大。从动态的世界来看，众多青年群体集中分布在南亚和东亚，但撒哈拉以南的非洲青年总人数有望超过南亚和东亚（Filmer and Fox, 2014）。

国际劳工组织的最新估计显示，2018年全球范围内既未就业也未接受任何教育或培训的青年占比为21%，而处于就业状态的青年占比为37%，另外，未就业但接受教育或培训的青年占比为42%。这意味着全球有超过1/5的年轻人属于被动求职者，这些人既没有通过找工作也没有参加教育或培训项目来获得新技能，从而未能积极参与劳动力市场。这一现象呼吁人们采取紧急行动增加年轻人获得体面工作和加强自身能力建设的机会（国际劳工组织劳工统计局，2019）。农村青年占发展中国家青年人口的一半以上，未来35年这一比例还会持续上升，因此应重点关注农村青年的就业状况。自主就业且从事家庭工作的农村青年在就业群体中平均占比为49%，是当前最不发达国家中占主导地位的就业情况（经济合作与发展组织，2018b）。

2015年，欧盟28个成员国中，既没有就业也没有接受教育和培训的青年群体（18～24岁）占比为15.8%。从城市化程度来看，农村青年失业的比率（17.9%）高于城镇和郊区青年失业的比率（16.5%）也高于大城市青年失业的比率（14.2%）（图2-27）。农村青年失业率最高的国家是保加利亚（40.9%），希腊和克罗地亚农村青年的失业率也超过了30%。2015年，保加利亚、立陶宛和斯洛伐克的农村青年（与城市相比）的失业率最高。相比之下，比利时、希腊和奥地利的农村青年失业率却远远低于城市，相差超过5个百分点。其中奥地利、德国和英国的农村青年失业率极低（不到4.0%）（欧盟统计局，2018b）。

[①]　www.skillsforemployment.org/KSP/en/ Issues/Ruralemployment/index.htm.

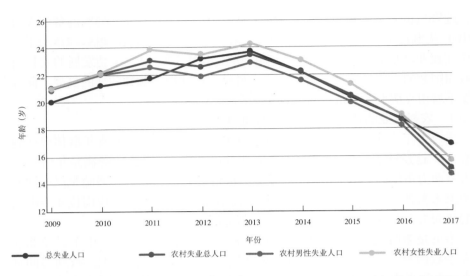

图2-27　2009—2017年欧盟28个成员国中农村青年（15～24岁）的失业情况
（资料来源：欧盟统计局）

　　单独统计全球范围内既无就业也无接受教育和培训的男女青年比例，会发现存在的巨大性别差距：女性青年占比超30%，男性青年占比13%（国际劳工组织劳工统计局，2019）。换言之，年轻女性失业和无法接受教育的可能性是年轻男性的2倍多。这意味着年轻女性在参与劳动力就业市场竞争、获得高质量教育以及参加职业培训或技能培训时面临着额外的困难，也暗示着女性的很多工作没有薪酬。实际上，尽管2018年全球44%的男性青年实现了就业，但女性青年的就业人数只有29%，这反映了女性进入劳动力市场所面临的巨大挑战(国际劳工组织劳工统计局，2019)。关于就业中性别不平等这一问题的严重性，不同地区也存在着巨大差距。其中阿拉伯国家的情况最为突出，该区域2018年既没有就业也没有接受任何教育和培训的青年群体占比为29%，亚太区域这一比例为23%，非洲为22%，美洲为19%，欧洲和中亚为14%。由此可见阿拉伯国家的青年群体失业且无法接受教育或培训的可能性是欧洲和中亚国家青年群体的2倍（国际劳工组织劳工统计局，2019）。

　　此外，还要特别注意女性在劳动力市场的参与度很低：目前农村女性就业人数占比只有31.9%[①]。在北非、阿拉伯国家和东南亚，就业性别差距最为突出。相比之下，撒哈拉以南的非洲、北美、欧洲以及部分亚洲国家的就业性别差距低于全球就业性别差距平均值。总体而言，相比1990年全球劳动力市场上29.1%的就业性别差距之比，2018年这一差距依然维持在27%。女性和青

-----

① www.giz.de/en/worldwide/33842.html.

年群体最易遭受不充分就业、失业、不稳定就业局面以及不健全就业条件的影响，通常还遭受工作不安全、工作条件恶劣、高负荷工作量、生产率低以及薪水低的困扰，处境艰难。1990—2018年，欧洲大多数国家的就业性别差距大幅下降，包括法国、德国、意大利、西班牙以及英国。北美洲的加拿大和美国也出现了类似下降趋势。在拉美和加勒比国家，就业性别差距的下降趋势也很明显。巴西的就业性别差距从41.2%下降到20.4%，下降了大约一半。墨西哥的就业性别差距也下降了约16个百分点，但依然高于该地区的平均水平。非洲的就业性别差距下降了约8个百分点，其中尼日利亚和埃塞俄比亚下降了10个百分点。世界上一些人口稠密的国家如中国、印度、俄罗斯，就业性别差距要么没有实质性的下降，要么差距略有所增长（国际劳工组织劳工统计局，2018）。

2.2.3.2 农业粮食行业的就业状况

全球有13亿人口从事农业及相关产业。农业是全球第二大就业来源，仅次于服务业，占全球就业行业的28%。目前，撒哈拉以南的非洲国家60%的就业人口集中在农业粮食产业，全球低收入国家几乎70%的就业人口从事农业及相关活动(国际劳工组织劳工统计局，2019)，未来这一趋势还将维持下去。农业粮食行业的工作岗位超过了农业生产，在全球经济制造业和服务业中占很大份额。随着人均收入的增加和饮食方式的改变，非农岗位（加工、分配、运输、储存、零售、备货和餐饮）的需求将不断增加（世界银行，2017）。

随着国家的不断发展，从事农业的人口比例将持续下降。尽管贫穷国家农业就业人口比例在2/3以上，但富裕国家这一比例还不到5%（图2-28）。

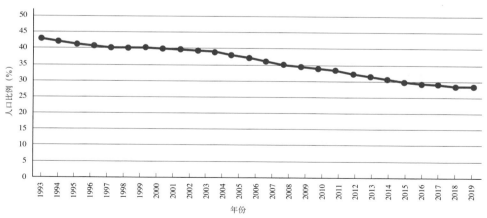

图2-28　1993—2019年，农业就业人口比例变化趋势
（资料来源：世界银行，2019）①

---

① www.giz.de/en/worldwide/67975.html.

农业就业人口比例最高的国家为布隆迪（91.4%），比例最低的国家为新加坡（0.1%）。像马达加斯加这样的不发达国家有3/4的劳动力从事农业，而德国和英国这样的富裕国家，每100人中只有1位从事农业。

到2030年，仅非洲就有4.4亿青年涌入劳动力市场。其中多数来自农村，90%的收入依靠小规模种植业[①]。农业预期就业份额（埃塞俄比亚、乌干达、坦桑尼亚、莫桑比克、马拉维和赞比亚）有望从75%下降到61%，然而同期广义农业的岗位份额（粮食加工、粮食销售、运输以及备货）有望从8%增至12%，且这些岗位多位于农村（Tschirely et al., 2015）。

欧盟28个成员国中，各国的统计数据显示2015年约1 000万人从事农业，占总就业人数的4.4%。其中近3/4的农业劳动力（72.8%）集中分布在以下7个国家：罗马尼亚、波兰、意大利、法国、西班牙、保加利亚以及德国（欧盟统计局，2017a）。

农业就业人口占比超10%的国家有罗马尼亚（25.8%）、保加利亚（18.2%）、希腊（11%）、波兰（11%）。农业就业人口占比低于2%的国家有德国（1.4%）、瑞典（1.3%）、比利时（1.2%）、马耳他（1.2%）、英国（1.1%）以及卢森堡（0.8%）（欧盟统计局，2017a）。2018年欧盟28个成员国各国农业就业总人数见图2-29。

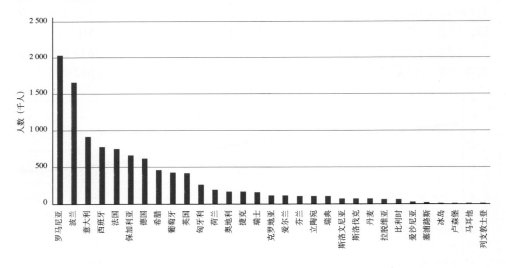

图2-29　2018年欧盟28成员国和其他国家及地区农业就业总人数
（资料来源：欧盟统计局，2017a）

---

① https://data.worldbank.org/indicator/sl.agr.empl.zs.

2.2.4　本节小结

造成农村教育水平低下的主要原因包括学校的数量（密度）、学校距离、教室面积、本地教育经费预算以及农村家庭是否依赖学生充当田间劳动力。此外，农村学校普遍缺乏数字基础设施和数字技术支持，导致农村青年学生完成规定学业的比例低于城市，也潜在地导致部分农村青年成为文盲。在城乡青年识字率存在巨大差距的一些区域和最不发达国家中，青年学生受教育的性别差距也很大。相比上一代，年轻一代（15～24岁）青年群体的教育情况逐渐改善，表现为上学机会的增加；尽管全球60%的国家和地区能够获取数字资源，且已经消除或几乎消除青年文盲率，但区域教育差距和教育性别差距依然存在。最不发达国家的农村识字率最低，男性识字率高于女性。对世界多数地区而言，女性青年识字率提高的意义要远远大于男性。

最不发达国家获取信息通信技术的机会落后于发达国家，进一步导致数字鸿沟和区域差异的不断扩大。由于最不发达国家和发展中国家的许多学校在小学和初高中阶段没有教授基本的计算机技能或开设计算机课程，这些国家的学校对信息通信技术和电脑课程的需求日益增加。此外，上网也存在着类似差距，农村学校的差距尤为突出。

2.3　发展数字农业的政策和项目

2.3.1　制度支持和保障机制

数字化转型的部分内在动力是政府信息通信技术的战略驱动。许多国家正在尝试网上收益支付、网上税收申报以及在线护照申请，并努力试行教育、卫生和公共服务资源的数字化（麦肯锡咨询公司，2013）。农业在数字化转型过程中相对落后，但是数字农业基层倡议已存在。政府通常围绕着四种能力开展数字化：服务能力、过程掌控能力、决策能力及数据共享能力（麦肯锡咨询公司，2016a）。由于设计并管理一项政府数字项目需要高水平的行政能力，并不是所有国家都成功实现了数字化转型[①]。发展中国家迫切推动数字化转型的政府往往也缺乏掌控转型过程的能力。

就ICT纳入本国治理战略而言，众多阿拉伯国家（如阿拉伯联合酋长国、卡塔尔和沙特阿拉伯）走在世界前列。令人惊讶的是卢旺达也位于数字转型先进国家行列，成为非洲唯一实施电子农业策略的国家。2013—2016年，巴西

---

① https://theconversation.com/digital- government-isnt-working-in-the- developing-world-heres-why-94737.

数字农业的年均增长率为-8.9%。而同期年均增长率最高的国家贝宁为7.9%，利比亚数字农业的年均增长率最低，为-20%（世界经济论坛，2019）。

然而，并不是所有的数字农业项目和倡议都能获得成功，尤其是在最不发达国家和发展中国家。1995—2015年世界银行资助了约530个信息技术项目，其中27%的项目评估为中度不满意或者更差。考虑到项目实施的复杂性，许多政府支持的数字化项目都以失败告终，这种情况很常见，也不仅仅出现在发展中国家。实际上，由于预算超支以及逾期未完成等因素，30%的项目完全失败，50%~60%的项目部分失败。只有不到20%的项目能成功实施。2016年，世界范围内政府的科技投入约为4 300亿美元，预计2020年将增至4 760亿美元（世界银行，2016a）。

如今，网络的公共开支接近20亿美元，可换算为人均不到3美元。如果政府实施国家ICT战略，将许多服务在线转移并引入数字健康和数字教育倡议，互联网支出可能会增至600亿美元或人均50美元。这种潜在的大幅增长可能会超过巴西目前的投入（人均32美元），但依然远远落后于发达国家的水平。为了落实所提战略，政府可能需要重新分配部分现有支出，并为增量支出筹集更多资金（麦肯锡咨询公司，2013）（图2-30）。

2.3.1.1　电子政务服务

电子政务属于信息通信技术（ICTs）的术语范畴，旨在促进线上注册、线上服务交付、电子公共服务、电子收入和一站式服务，也指将政府所有服务融入到公民的日常生活和企业经营中。为此，电子政务参与指数旨在评估政府向公民提供的在线服务水平（"电子信息共享"）、不同利益相关方之间的互动情况（"电子咨询"）以及公民参与决策过程的情况[①]。发展中国家不论是政府内

---

① https://publicadministration.un.org/ egovkb/en-us/About/Overview/E- Participation-Index.

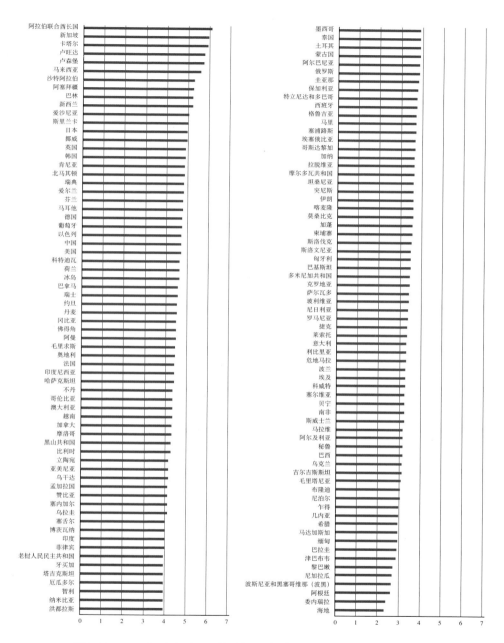

图2-30　2016年政府对ICT的重视程度（等级：1～7，7为最高分）
（资料来源：世界经济论坛，2016）

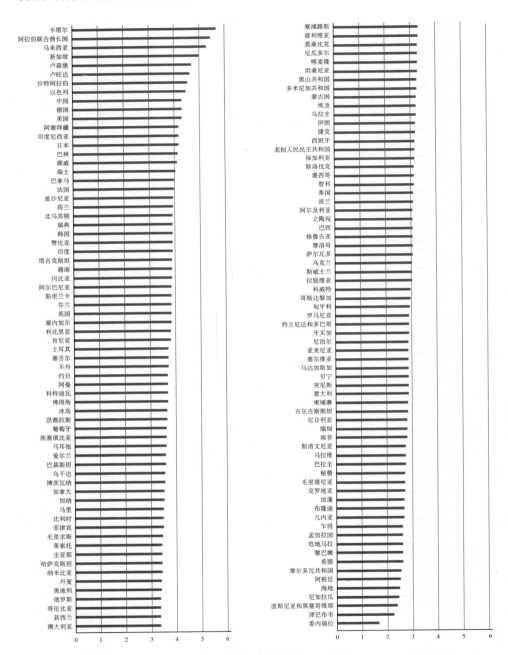

图2-31 2016年世界各国政府先进技术的采购能力（等级：1～7，7为最高分）
（资料来源：世界经济论坛，2016）

部还是外部，往往对电子服务的需求不足。人们对公共部门的冷嘲热讽和沟通渠道不足常常使公民的外部需求无法获得满足。结果，公民对公共部门领导者施加的变革压力不足（世界银行，2016a）。

鉴于电子政务的进步，国家内部现有的数字鸿沟必须得以弥合，以使每个人都能充分利用数字社会的优势（联合国经济和社会事务部，2019）。所有地区的国家越来越普遍地倡导创新，并借助ICT来提供服务使人们参与决策过程。最新最重要的一项趋势是以人为本的服务越来越受重视，这也满足了公民日益增长的个性化需求以及渴望紧密参与服务设计和交付的需求。这些新要求正在改变公共部门的运作方式（联合国，2016）。

2010年，印度推出了一款基于生物特征识别的、名为"Aadhaar"的国民身份认证系统，几年之内，印度12.5亿人口中95%的国民注册了该系统。中国一些地方政府也接受公民通过微信（一款广泛使用的手机社交应用程序）申请护照和签证。发达国家中，信息通信技术参与政府决策和服务的方式更为先进。爱沙尼亚拥有一个功能强大的数字化平台，可帮助每位公民每月完成30多笔交易。英国对25种基本服务（如选民登记）进行数字化操作，启动了本国的数字化转型项目。瑞典的社会保险机构通过推出五大产品来启动数字化转型，这五大产品分别占人工处理方式的60%和呼叫中心的80%以上。丹麦注册公司过程中98%以上的工作无须人工参与。英国24个部委和331个其他机构和公共部门的网站重组为一个网站（麦肯锡咨询公司，2016b）。

然而，电子政务的实施过程很困难，公民的接受速度也比较慢。2018年，丹麦89%的公民使用电子服务，整个国家的在线服务交易量排名第一，但其他许多国家都在奋力追赶。例如，埃及的电子服务普及率仅为2%（联合国经济和社会事务部，2019）。2016年，欧盟28个成员国中只有不到一半（48%）的个人用户使用互联网进行电子政务。这一数字化潮流对于荷兰和北欧成员国的公民来说尤其常见，而在保加利亚、意大利和罗马尼亚等国，公民很少参与电子政务服务（欧盟统计局，2017b）。2018年世界各国电子政务参与指数见图2-32，2018年世界各国政府在线服务指数见图2-33。

政府各部门目前纷纷引入和应用数字技术、互联网、手机等各种工具，旨在以数字方式收集、存储、分析和共享信息。联合国2018年的一项调查显示，很多国家利用电子邮件、短信服务（SMS）、博客订阅（RSS feed）、手机应用程序、下载表格等方式提供在线服务，在各行业部门采用此种方式的国家越来越多。例如，2016年154个国家采用在线存储教育信息，2018年增至176个。医疗卫生领域也出现类似情况，2016年65个国家推行可下载的手机应用程序和SMS服务，2018年增至70个（联合国经济和社会事务部，2019）（图2-34）。

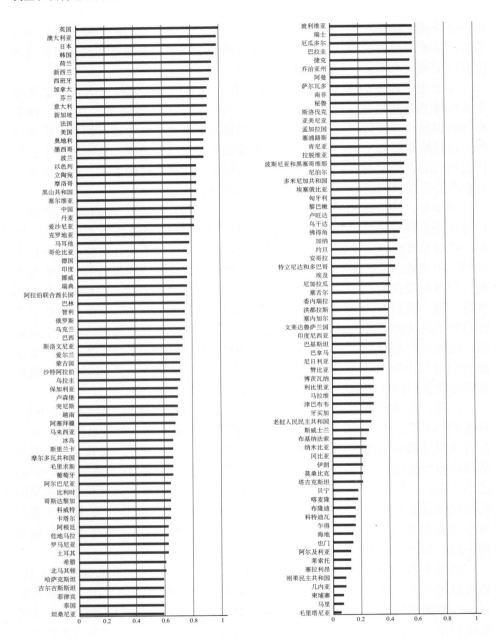

图2-32　2018年世界各国电子政务参与指数
(资料来源：联合国经济和社会事务部，2018)

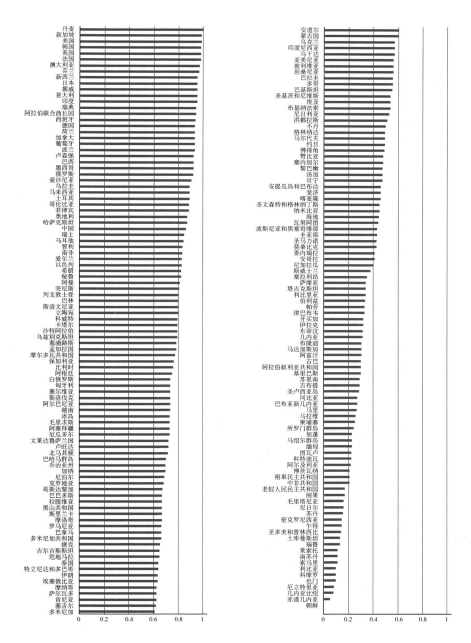

图2-33　2018年世界各国政府在线服务指数

（资料来源：联合国经济和社会事务部，2019）

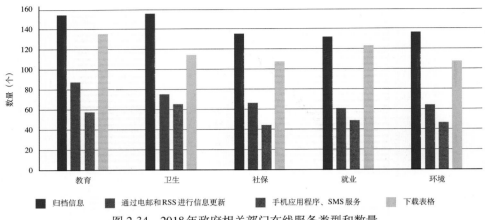

图 2-34　2018 年政府相关部门在线服务类型和数量
（资料来源：联合国经济和社会事务部，2019）

　　通过手机应用程序（App）提供电子服务的趋势在教育、就业和环境领域的发展异常迅速，占比已增至 52%。电子邮件和 RSS 的更迭迅速，在就业领域占比为 62%，其次是教育行业占比为 38%。有趣的是，相比 2016 年，2018年在环境领域提供下载表格的国家越来越少。

　　在上述领域通过电子邮件、SMS 或 RSS 提供在线服务的国家在其所在大洲占比如下：欧洲 86%、亚洲 71%、美洲 59%、非洲 36%、大洋洲 30%。从使用频率来看，线上服务在教育领域应用最多（使用频率平均为 64%），其次是医疗卫生领域（55%）、就业领域（54%）、环境领域（54%）、社会保障领域（47%）（图 2-35）。

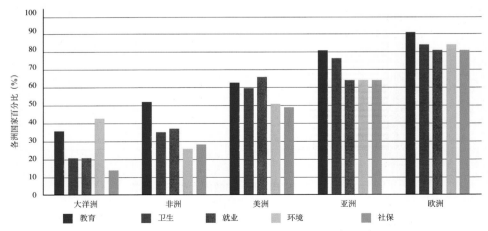

图 2-35　2018 年通过电子邮件、SMS、RSS 提供的政府服务
（资料来源：联合国经济和社会事务部，2019）

多数政府门户网站现已具备所需基本功能，包括轻松查找门户网站、基本搜索、站点地图和"联系我们"等，并且内容定期更新。然而，低收入国家在提供更高级的网站搜索功能方面远远落后，这些高级功能包括"提供帮助"、常见问题 (FAQ)、反馈选项、一站式商店选项的链接、社交媒体和自动适应任何设备的网络类型、高级搜索功能、视频教程、技术热线、不道德或腐败行为举报热线以及数据共享能力（联合国经济和社会事务部，2019）。

2.3.1.2　电子农业服务

与电子政务概念类似，电子农业服务这一概念包括以下两个层面：一方面指以粮食和农业为重点的农村采用信息通信技术这一创新方式，另一方面指这一创新方式的概念化、设计、开发、评估和应用。电子农业的广义概念包括技术应用、便利化、对标准和规范的支持、能力建设、教育和技术推广（联合国粮农组织，2018）。常见的政府电子农业服务包括种子和肥料目录、在线补贴申请、农业小额信贷等，但并非所有政府都能提供这些服务。

世界银行（2017）对62个国家进行的一项调查显示，有19个国家的农业企业可通过电子邮件或门户网站在线提交植物检疫证书申请表。其余33个国家，申请植物检疫证书依然需要通过纸质提交到最近的植物保护局，电子申请系统依然没有启动。目前，仅智利、肯尼亚、韩国和荷兰等少数国家的植物检疫证书可以电子形式生成、签发和发行（世界银行，2017）（图2-36）。

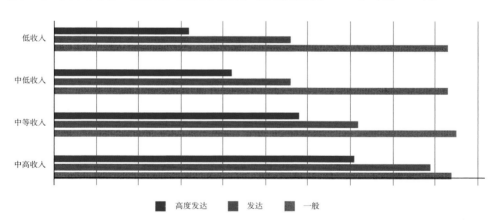

图2-36　2018年按国家收入分列的国家电子政府门户网站上基本、先进和非常先进服务的可用性

（资料来源：联合国经济和社会事务部，2019）

新肥料实行登记注册是一种较好的实践，可确保一个国家控制本国化肥的使用情况（EBA世界银行，2017）。此外，启用在线访问目录系统可以更便利地告知农民和零售商其所在国家可用的肥料清单和已注册的肥料清单；肥料

推介人员通常比较了解现有肥料情况以及何种类型的肥料可以推荐给农民，在线目录系统也使肥料推介人员的工作更加便利。但只有少数最不发达国家和发展中国家推出了此类在线（肥料产品）查询目录，如孟加拉国、哥伦比亚、格鲁吉亚、印度、肯尼亚、莫桑比克、菲律宾、土耳其和越南。

通常情况下，发展中国家在政府网站上追踪植物病害的实践较少。经济合作与发展组织的部分高收入成员国以及墨西哥和土耳其，在植物病虫害可用信息方面取得了一些进步。对撒哈拉以南的21个非洲国家进行调查发现，7个国家没有明确指定专门的政府机构进行病虫害监测，只有塞内加尔和坦桑尼亚拥有可公开查询的植物病虫害信息数据库（世界银行《赋能农业》，2017）（图2-37）。

农民需有可靠的数据参考才能确保投入恰当，但农民只有获取相关建议时才能充分利用数据，反之亦然。然而，农民并不总能获得数据支持，尤其是在最不发达国家和发展中国家。例如，肯尼亚只有35%的农民能获得种子改良的数据支持，而坦桑尼亚这一比例只有15%[①]。

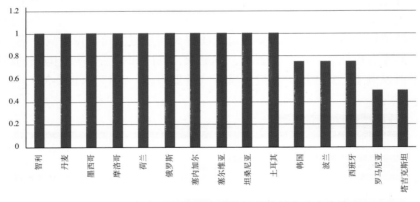

图2-37　2017年部分国家政府网站提供的植物病虫害信息
（资料来源：世界银行《赋能农业》，2017）

2.3.1.3　发展农业企业倡议

"做生意"既讲究质量也要求效率，重要的是要制定易于遵循和理解的有效规则。为获取经济利益、减少腐败、助力中小企业蓬勃发展，应删除不必要的繁文缛节。但同时也需采取具体的保障措施来确保高效的业务监管流程，光靠效率还不足以保障监管的高效运转（世界银行，2019）。

国家的监管质量与经济增长速度(Eifert, 2009；Divanbeigi and Ramalho, 2015)和发展水平(Acemoglu et al., 2003)相挂钩。世界银行（2019）全球营商环境便利性排名前十的经济体在监管效率和质量方面具有某些共同特征，包括

[①]　http://endeva.org/blog/precision- agriculture-can-small-farmers-benefit- large-farm-technology.

实行强制检查、停电期间配电公司恢复服务的自动仪器、在破产程序和自动专业化商事法庭中为债权人提供强有力的保障等（世界银行，2019）。

根据世界银行《赋能农业》（EBA）（2017）的评估，"经商环境"排名靠前的国家出台了针对农业企业相对完善的监管措施（图2-38）。例如，在欧盟区域一体化的环境下，成员国公司彼此进行贸易时无须提供额外的农业文件证明。而在东亚和太平洋沿岸国家、南亚、撒哈拉以南的非洲，每次交付货物时至少需要两种证明文件。此外，撒哈拉以南的非洲国家开具证明文件的过程花费时间最长，平均需要6天，而且南亚和撒哈拉以南非洲各国开具文件的成本非常昂贵，平均占人均收入的2.5%（世界银行《赋能农业》，2017）。

世界银行《赋能农业》（2017）调查的62个国家中，48个国家从法律层面要求肥料产品必须完成注册才允许进口到本国并在本国市场销售。部分国家如欧盟成员国等，一方面建立了比较健全的法律框架，另一方面肥料产品注册流程既简单、高效又成本低廉，因此这些国家在肥料注册指标方面做得比较好。然而，许多其他国家尽管已建立健全的法律框架，但还是落后于欧洲国家，要么是因为这些国家的企业没有在实践中注册化肥产品，要么是因为注册过程太烦琐，以至于完全不鼓励肥料新产品的注册（世界银行《赋能农业》，2017）。波黑和塞尔维亚在肥料注册和质量管控层面监管比较到位，是肥料行业全球排名前五的国家。两国肥料注册的流程大约需要1个月，注册成本分别为人均收入的0.5%和5.3%。

在非洲，政府的角色和目标是创造一个有利的营商环境，助力本国农业企业蓬勃发展，并引导企业带动所在地的经济增长、基础设施建设和社会发展，然而这种营商环境始终没有建立起来。图2-39描述了部分非洲政府对农业企业的支持程度。

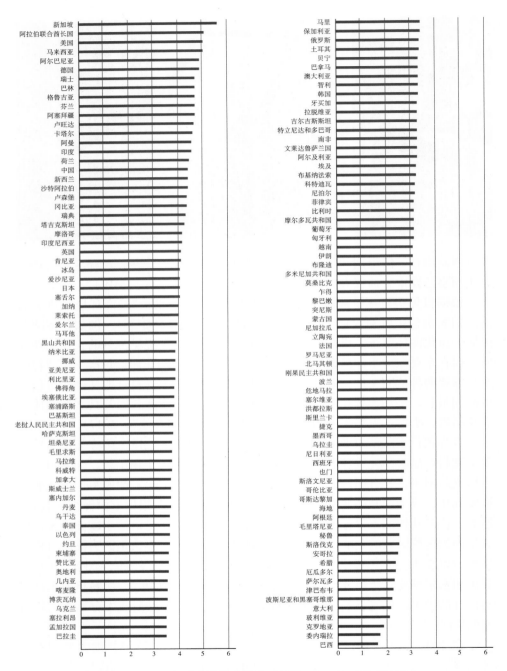

图 2-38　2018 年政府监管负担值（等级：1～7，7 为最高分）
（资料来源：世界经济论坛，2019）

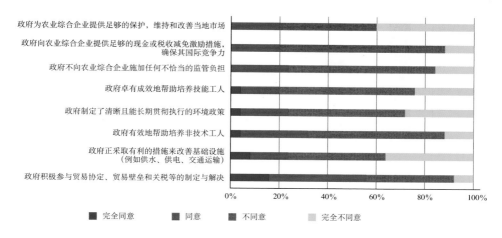

图2-39　2017年非洲国家的政府在支持农业企业方面发挥的作用
（资料来源：普华永道咨询公司，2016）

　　尼日利亚在数字技术应用层面走在了世界前列，首先更新了肥料补贴系统，其次本国推出的"电子钱包"项目大大节约了成本，减少了腐败机会，扩大了享受服务的农民群体，也远远超出了预期目标。互联网技术可以推动肥料行业的年生产收益增至30亿美元（麦肯锡咨询公司，2013）。印度eBiz平台将（政府）部门的多个流程整合在一起，简化了公司合并的流程，并将公司注册所需时间从近10天减少到5天。

　　西班牙推出了数量最多的农业非歧视性措施。《赋能农业》收纳的29种典型案例中，超过27种收录在农业法律法规中，国内企业或小规模企业在经营农业时仅面临少许法律障碍，包括坦桑尼亚、赞比亚在内的撒哈拉以南非洲国家在该地区也表现得可圈可点。例如，坦桑尼亚对成立生产者组织没有最低资本要求，赞比亚为外国运输公司提供运输、回程、三角物流和过境权。另外，像海地、马来西亚和缅甸这样的国家也具备很大的发展潜力。例如，马来西亚尚未允许外国公司获得货运许可证，非银行业务在海地也无法发行电子货币（世界银行《赋能农业》，2017）（图2-40）。

　　平均而言，经济合作与发展组织高收入成员国在获取相关监管信息时可以获得较多的参考案例，且这些案例的实践效果也比较好。如水资源监测结果、检疫性害虫清单和种子认证的官方收费表。其他地区则需付出更大的努力才能使公众更容易获得监管信息。例如，对撒哈拉以南的非洲、中东和北非的24个国家进行研究发现，其中一半的国家法律没有详细说明水费计价方法，只有肯尼亚和莫桑比克目前推出了在线肥料目录查询服务。

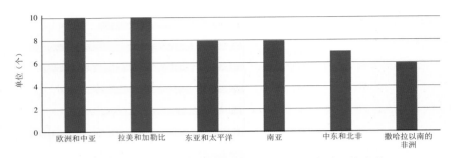

图2-40　2017年世界各大区域获取信息的良好实践平均个数
（资料来源：世界银行数据库，2017）

2.3.2　规章制度和监管框架

政府关于信息通信技术（ICT）的政策对实现可持续发展目标具有重大影响。政府在已划定的重点区域需要建立法律、监管、预算和政策框架来确保信息通信技术为实现可持续发展做出积极的贡献[①]。许多国家出台的政策和规章制度都阻碍了数字技术的引入或实施。通常情况下，政府出台的政策早于数字时代，若不进行改革，此类政策会成为绊脚石。另外一些情况下，政府虽出台了新政策但适得其反。例如，印度尼西亚宣布了对本国人口普及数字化扫盲的目标，然而却没有出台专门配套项目来鼓励农民使用数字技术。

2.3.2.1　移动网络运营商、营业执照和垄断

传统上，营业执照许可制度用于授权网络运营商提供通信服务；但是，随着技术的飞速发展以及网络和服务的融合，一个更为开放灵活的授权框架被认为是一种良好的实践。根据经济发展状况分析，尚不清楚是否有更多的发达国家设置更开放或更封闭的授权。有关网络运营商的监管制度和政策因国而异、因区域而异。尽管部分发展中国家越来越开放并大力推动国内市场的自由化，但大部分国土被农村和偏远地区覆盖，因此网络运营商不愿意投资普及网络或扩大宽带的覆盖范围。实际上，众多网络运营商纷纷转向"塔式"公司这一理念，把基础架构的主要核心外包给私人公司。已有许多成功的案例，尤其是在印度[②]，竞争异常激烈，通信的服务价格也迅速下降。

政府或网络运营商遵循"塔式"理念进行有效的频谱管理，再加上数字红利频段、布局成本的降低、网络运营服务商竞争的日益激烈等因素，有助于将网络推广到农村和偏远地区（世界银行《赋能农业》，2017）。

---

① https://news.itu.int/four-key-actions- governments-can-take-to-promote-the- use-of-icts-to-achieve-the-sustainable- development-goals/.

② www.atkearney.com/documents/ 10192/671578/Rise+of+the+Tower+ Business.pdf/027f45c4-91d7-43f9-a0fd- 92fe797fc2f3.

当今许多国家依然需要推动通信行业监管框架的现代化。政府部门应着眼于两个主要领域来进行审查和改革：首先，应审查和更新监管框架、激活市场活力、引导良性竞争、增加消费者福利，同时摒弃那些与数字生态系统不相关的传统规则。其次，政府应减少特定部门的税收负担，鼓励对新技术的投资。通过建立适当的监管环境，激励技术创新、刺激投资，从而使全社会受益（全球移动通信系统联盟，2019）。

关于宽带、信息通信技术和网络运营商（MNOs）的政策和法规与特定国家的经济发展水平无关（图2-41），例如，索马里的电信市场不受管制，通信设施的密度也高于埃塞俄比亚，而埃塞俄比亚的电信则实行政府垄断。

互联网和固定宽带的良性竞争会提高用户的使用率，竞争减少则无疑会阻止数字技术的普及。例如，拉美国家电信运营商的首要任务是最大限度地提高每位用户的平均收益（average revenue per user，ARPU），这意味着一旦电子服务变得昂贵，可支付的用户数量就相应减少，尤其与南亚的同行相比更加明显，南亚国家的运营商已基于日益增加的用户数和使用频率建立了一个模型。造成这一差距的原因之一是拉丁美洲许多国家缺乏竞争，其电信业务通常是垄断或双头垄断，而南亚几家网络运营商之间往往存在竞争（经济学人，2012），图2-42为2018年对信息通信技术领域和网络运营商之间的竞争政策和监管。

2.3.2.2　数据保护和个人隐私

因民事登记、社会保障、住房记录和税收需要，政府往往会收集大量个人信息。签发护照时为鉴别身份而收集的生物识别数据（包括数字指纹扫描和照片）也大大扩充了个人信息数据库，这部分信息由国家通过ICT来收集、储存和管理，增加了效率，减少了官僚主义。如何实现公民隐私权和国家安全之间的适当平衡，政府常面临一些挑战。随着软件公司、网络搜索引擎公司、社交网络平台、电子商务的迅速发展，用户注册时所披露的个人信息一方面使服务交付、社交渠道更加高效和互联互通，但也导致海量可鉴别的个人信息为数字服务供应商所占有、掌控和使用（联合国粮农组织，2017）。保护公民隐私的一大挑战是大数据使用范围的不断扩大，数据被复杂的自动辨识技术所操纵，可根据个人喜好、收入、种族、政治观点、敏感特征等将用户和消费者划分为不同的类别。将设备与互联网进行连接的"物联网"同样会收集用户详细的个人概况，也面临着保护隐私的挑战（联合国粮农组织，2017）。

许多国家相应出台了保护用户数据信息的法规——截至2014年，约107个国家出台了《隐私法》，其中一半是发展中国家（联合国贸易和发展会议，2015）。这些法律框架明确了合法收集个人数据的目的，并拟定了恰当管理和

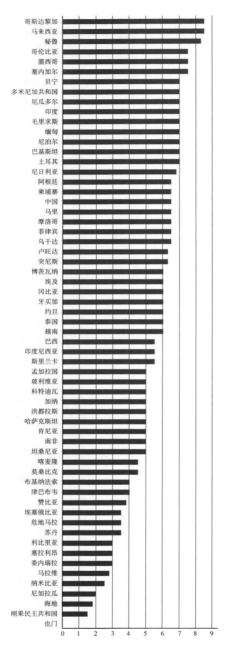

图2-41 2018年部分国家的宽带政策
（资料来源：平价互联网联盟，2018）

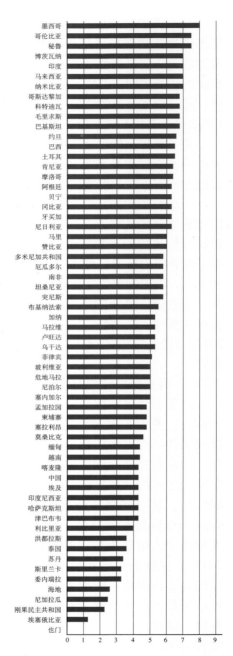

图2-42 2018年对信息通信技术领域和网络运营商之间的竞争政策和监管
（资料来源：平价互联网联盟，2018）

防止滥用的规则。例如，欧盟出台的《隐私和电子通信指令》（ePrivacy 指令）以欧盟电信和数据保护框架为基础，确保无论采用何种技术的公共网络通信，都能尊重用户的基本权利尤其是用户的高度隐私。该项指令最新版本为 2009 年版本，为保护客户的隐私权提供了比较清晰的规则[①]。

2013 年，经济合作与发展组织发布了《保护隐私和个人数据越境流动准则》，同时修订了 20 世纪 80 年代的一些条例，最初这些条例是为加强隐私保护以应对数据驱动型经济发展的需要。《非洲联盟网络安全和个人数据保护公约》旨在建立加强基本权利和公共自由（特别是数据保护）的法律框架。国际层面，联合国大会在 2015 年通过了一项数字时代隐私权的决议，并任命了隐私权问题特别报告员，以确保公民隐私权利不断得到加强和保护，包括应对新技术带来的挑战[②]。

联合国秘书长的一项全球创新计划"联合国全球脉搏"旨在安全和负责任地利用大数据在可持续发展和人道主义行动中的潜力，并与联合国数据隐私咨询小组协商制定了一套"隐私原则"。该小组由公共和私营部门、学术界和民间团体的专家组成，定期组织相关论坛，并就以下关键课题持续开展对话交流——"数据保护和隐私""在保护隐私的前提下大数据分析如何促进可持续发展和人道主义行动"[③]。此外，联合国系统各专门组织也针对个人数据的处理方式出台了相应原则作为基本约束框架[④]。随着个人数据的定期处理和跨国传输，由 ICT 进行个人信息的收集、存储和管理变得越来越复杂。截至目前尚未出台关于跨境数据流的国际约束性框架协议。尽管许多国家的数据保护和隐私法是基于一套共同的原则，但许多规则只能适应当地情况，彼此之间却不能互相遵守（世界银行，2016a）。

相反，数据传输和数字贸易通常受到双边、多边或诸边协议的约束。例如，亚太经济合作组织发起了《跨境隐私执行协议隐私框架》，以加强亚太地区信息的自由流通，提高消费者的信心并确保电子商务业务量的增长[⑤]。2000 年美国和欧盟启动了跨大西洋数据流——尤其是欧洲消费者的个人数据——框架（《安全港协议》）。2016 年，一项新的协议即《欧盟-美国隐私保护盾》被通过，为美国公司从欧盟导入个人数据规定了明确的保障和透明义务[⑥]。

---

① https://ec.europa.eu/digital-single-market/ en/online-privacy.

② www.ohchr.org/en/issues/digitalage/pages/ digitalageindex.aspx.

③ www.unglobalpulse.org/privacy-and-data- protection.

④ www.unsceb.org/principles-personal-data- protection-and-privacy.

⑤ www.apec.org/Groups/Committee- on-Trade-and-Investment/Electronic-Commerce-Steering-Group/Cross-border-Privacy-Enforcement-Arrangement.aspx.

⑥ http://europa.eu/rapid/press-release_IP-16- 216_en.htm.

2016年4月，新《欧洲数据保护和安全法规》得以出台，旨在加强公民权利保护，更好地掌控个人数据。但这项法规仅适用于个人数据并主要保护消费者的数据，畜牧或农业产生的数据不属于本法规保护范围。目前多数情况下，数据的所有者仍然是收集数据的一方（如拖拉机制造商、挤奶机器人等）（普华永道咨询公司，2016）。

显然，当前数据流量正在增加。伴随着智能手机用户数量的不断增加，数据流量、数据收集和生成也将不断增加。尽管收集数据和生成数据被认为很有价值，但管理数据却涉及很多问题。例如，在内布拉斯加州（加拿大），许多受访者都愿意与值得信赖的合作伙伴共享数据，如大学研究人员或教育工作者（45%）、亲戚（39%）和地方合作社（39%）。但是，与设备经销商（18%）、设备制造商（17%）或邻居（13%）相比，更多的受访者不愿意和任何人分享数据（23%）[1]。

2.3.3　现有数字农业策略简介

一段时间以来，许多利益相关者已经认识到推行国家电子农业策略的必要性，但许多国家尚未在农业领域出台推行信息通信技术（ICT）的国家策略。大部分国家具备发展电子农业的众多要素，但所有要素都是现有ICT策略的一部分或作为小项目被嵌入电子政务的策略中（大多数是经济合作与发展组织成员国）。完全成熟的数字农业国家策略非常少，但全面国家策略的存在可以防止电子农业项目被孤立实施，并从部门内部和跨部门的协同增效中提高效率（联合国粮农组织，2018）。这一点在联合国粮农组织试点并指导电子农业策略实施的一些国家（如不丹和斯里兰卡）已得到验证。

不丹电子农业策略（E-ENR总规划）依据本国《自然资源更新（RNR）五年规划》（2013—2018）制定，并由不丹农业和林业部（MoAF）负责实施。这一总体规划旨在开发利用不丹ICT的潜力来实现RNR的目标，并进一步加强ICT的角色，以一种可持续和公平的方式加快RNR领域的快速发展。上述理念和预期目标是依据《经济增长政策》（EDP2010）、《电子通信和宽带政策2014》[2]以及2013年出台的《电子政府总体规划》所制定。

斯里兰卡的电子农业策略以本国农业部出台的一系列政策文件作为指导，如《农业政策框架》《国家农业政策框架》《国家粮食生产项目》（2016—

---

[1]　https://agecon.unl.edu/cornhusker- economics/2015/precision-agriculture- usage-and-big-agriculture-data.

[2]　https://www.gnhc.gov.bt/en/?page_id=271.

2018)①。这一策略解决了利益相关者会议提出的97项挑战。这些挑战可归为八大领域，从政策和法规框架到数据可用性、知识、意识和服务等。该策略的关键成果已列入规划并确保与《国家粮食生产项目》（NFPP）（2016—2018）这个三年中期目标同步实现②。此外，斯里兰卡还鉴别了14项重点策略发展领域并与ICT一起作为电子农业策略的一部分。斯里兰卡的所有电子农业服务与本国电子政府服务高度融合。

发达国家也在积极推进本国数字农业的发展，正把农业和粮食纳入现有或已起草好的数字农业规划中。匈牙利IVSZ农业信息学工作组已起草了《数字农业策略》草案③。这一草案在两大领域共设置了六大发展项目，并明确了一个横向项目，即从培养数字能力（数字工具和应用程序操作基本知识、教育发展项目、咨询发展项目）到建设数字国家（制定规章、开发专业服务器系统为国家数字化创造条件）。保加利亚也起草了本国数字农业发展策略，目前正公开征求公众和个人利益相关方的修改意见。其他许多国家也纷纷在本国信息通信策略或者数字战略中融入了数字农业，也有部分国家已进入数字农业策略的实施阶段（表2-1）。

此外，一些国家虽没有制定专门的数字农业发展策略，但多项现有数字策略与所在国电子政务互联互通，针对数字农业有一些单独条目或特殊项目。然而这毕竟是一个新兴领域，许多国家在初步尝试从传统社会向数字居民过渡时会遭到失败。这样的例子经常出现在经济合作与发展组织的成员国中，这些国家通常缺乏明确的优先目标，忙于应对各种协调工作。仅有5个国家设立了高级别正式或专门的机构致力于处理数字事务，这几个国家在数字策略发展和协调方面走在前列。依然有许多国家依靠相关部委和机构来推动数字化，但这些机构往往无法全部投入于数字事务，经常在数字化问题上缺乏必要的能力和影响力。为应对这些挑战，打破"政策孤岛"并发挥政府的整体统筹进行数字转型至关重要——现在是时候实行国家数字策略了。实施方法因国而异，但务必要建立一种协调机制来确保一个领域的政策不要否定或破坏另一个领域的政策④。

---

① www.doa.gov.lk/ICC/images/publication/ Sri_Lanka_e_agri_strategy_-June2016.pdf.

② www.agrimin.gov.lk/web/index.php/ agricsers/ceremony.

③ http://ivsz.hu/agrarinformatika/digitalis- agrar-strategia/.

④ www.oecd.org/going-digital/oecd-digital- economy-outlook-paris-2017.htm.

表2-1　部分国家数字农业策略对农业粮食行业的影响

国家	策略	阶段	对农业粮食的影响程度
墨西哥	国家数字策略	实施阶段	部分（教育和税收）
哥伦比亚	线上政府策略	实施阶段	部分（数据、ICT服务）
巴西	数字治理策略	实施阶段（2016—2019）	部分
保加利亚	农业数字化策略	草案阶段	高
匈牙利	数字农业策略	草案阶段	高
澳大利亚[①]（维多利亚）	数字农业策略	实施阶段	高
希腊	希腊农业数字转型	实施阶段	高
英国[②]	农业科技策略	实施阶段	高
爱尔兰[③]	国家数字策略	细化阶段	中等
西班牙	农业粮食、林业及农村数字化日程	计划2019年实施	高

资料来源：OECD，2018；本书作者，2019。

2.3.4　本节小结

　　首先，各国政府不应把数字网络建设看作一项支出而应看作是重要推动力，其次，要意识到农村社区的重要性，尤其是在试验和完善新方案、推动创新和经济发展、吸引外资之际，政府转变观念则可充分发挥资产的价值。与十年前相比，政府在普及信息通信技术领域取得了重大进步。一些发达国家的固定宽带和移动网络正实现全民覆盖。与此同时，发展中国家在追赶网络覆盖率层面依然有一段路要走，但在扩大网络的服务领域取得了重大进展。目前电子服务的布局向以下领域倾斜，尤其健康、教育、环境和体面就业等领域，同时弱势群体的覆盖范围也在不断扩大。

　　然而，由于缺乏激励措施、收入低、消费能力低、操作能力有限以及缺

---

　　①　http://agriculture.vic.gov.au/__data/assets/ pdf_file/0004/436666/Digital-agriculture- strategy-2018.pdf.

　　②　https://assets.publishing.service.gov.uk/ government/uploads/system/uploads/ attachment_data/file/227259/9643-BIS- UK_Agri_Tech_Strategy_Accessible.pdf.

　　③　www.dccae.gov.ie/en-ie/communications/ topics/Digital-Strategy/Pages/default.aspx.

乏基础配套设施等因素，最不发达国家和发展中国家的很多用户依然无法从信息通信技术中获益（麦肯锡咨询公司，2014）。随着技术创新步伐的加快，这些不利条件可能会影响这些国家电子政务的进一步推广，并对农业部门产生连锁反应。目前提供电子农业服务的国家非常少。然而，一些国家很重视在农业领域引入信息通信技术，并创造良好的"农业贸易"环境，出台有利于农业企业发展的政策。多数情况下，一个特定国家的政策和法规与教育水平、文化程度以及农业对GDP的贡献率并无关联。

行政许可的框架类型和频谱分配效率对鼓励私营部门在偏远地区投资和普及移动网络至关重要。欧盟国家的经验表明，更大限度地开放电信部门，包括引入一般授权制度，可大大促进网络的普及。高效的频谱管理是另一种监管激励措施，不但可以降低部署成本、增加创新机会从而为运营商带来好处，还可以为最终用户提供更多ICT服务的机会。

发达国家在精心设计和实施数字农业国家策略层面走在了世界前列。此外，部分发达国家通过现有策略高度参与了农业粮食领域的数字化过程，这些策略重点关注农业和粮食，旨在把整个行业和社会转化为一个整体。在发展中国家，大多数电子农业服务都被嵌入电子政务或更广泛的ICT策略中，旨在提供一些基本的电子农业服务，这些服务多为早期预警通知和一些常识性信息。

第 3 章
农业数字化转型的推动因素

　　数字技术已对我们的日常生活产生了变革性的影响，并且已成为通信、工作、自理和运输等大多数领域的组成部分。高速互联网连接和配备移动互联网的智能手机使网上查找和访问信息比以往更加容易。随着越来越多的人转用互联网获取新闻资讯，报纸和杂志等传统媒体渐渐式微。通过互联网，人们可以跨越障碍获取需要的信息，而手机应用程序、社交媒体、网络电话和社交平台也能让生活变得更加便捷，这在农村和偏远地区尤为如此。不过，尽管在农业领域已有成千上万的应用程序，许多发展中国家的小农户开展农业活动时却仍然没能用上相关技术和关键农业支持服务。

　　想要推动农业数字化转型，确保所有人都联入互联网，第2章所述的基本条件必不可少。但是，除了这些基本条件之外，数字农业生态系统还需要其他因素的助力。我们必须为熟悉数字技术的农民和本地创新型农业企业家创造合适的环境。的确，相比以往我们有了更多的投资、资金与合作，更多数字农业初创公司在国际舞台上崭露头角，吸引了国际投资者、初创加速器和媒体的关注。虽然有数字农业初创企业退出了市场或被收购，但是同样也有数字农业初创企业已经开始收购其他初创企业，这些迹象都表明可持续的数字生态系统在逐渐成熟和日益巩固。

　　为了加快转型进程、加强农企互动，我们需要与年轻人合作，因为数字素养和创新能力使他们具有巨大的优势。他们拥有了相关知识，也就拥有了未来。他们掌握了技能，能够成为学校和社会希冀的负责任的领导者。未来的农业和信息工程师是否卓越，取决于他们是否了解数字工具和数字工具相关的问题。数字革命正在进行，并且加速发展。将数字化放在教育计划和冲刺项目的核心位置将有助于激发学生和青年农业企业家的创新意识和创造力，为未来的农业服务。

　　本节将概述3个农业数字化转型的关键推动因素，并分多个小节描述当前农业数字化转型的全球趋势和挑战。首先我们会讨论如何让农民和农业技术推广官员将移动网络和社交网络用于农业和粮食生产（第3.1节）。在此基础上，我们将进一步讨论如何让技术走近最终用户，即价值链上的所有利益相关者，并讨论未来农业食品行业的数字技能发展趋势和需求（第3.2节）。第3.3节将描述数字农业的全球趋势和投资，以及数字农业初创企业面临的主要挑战及其在农业食品领域的作用。我们强调数字农业领域创新的重要性以及价值链中所有利益相关者间合作互助的必要性，因为这是推动全球数字农业可持续发展运营模式的先决条件。

3.1 农村人口和农民使用数字技术的情况

发展中国家互联网连接性较低，生活在数字化技术匮乏地区的居民也缺乏数字素养。根据全球移动通信系统联盟（2018），女性和青年受这些挑战的影响最大。最近几年，移动宽带有了巨大的发展，移动融资、移动农业、移动医疗和其他各种服务也水涨船高。国际电信联盟（2016）的一项研究表明，全球将近一半（47%）的人口在使用互联网。不过，这一数字在最不发达国家中要低得多，仅为1/7。发达经济体中有25亿互联网用户，而相比之下，发展中经济体则仅有20亿用户（国际电信联盟，2016）（图3-1）。

截至2017年，中国是互联网用户数量最大的国家。2017年，中国城市地区有5.5亿互联网用户，占全国互联网用户总数的73.3%。与2016年相比，互联网用户增加了1 988万户（中国互联网络信息中心，2017）。但是，让农村和乡村地区联入互联网仍然是中国的首要任务。亚洲开发银行（2018）的数据显示，截至2016年末，中国近90%的行政村用上了宽带。印度城市地区也取得了重大进展。但是，与其他国家相比，印度农村地区的互联网用户数量仍然较低（Kantar-IMRB，2017）。欧盟28国的统计数字与印度截然不同。2017年，欧盟87.2%的农村人口联入了互联网，而美国农村地区互联网使用率为67%，城市地区为70%（美国人口普查局，2017）。

3.1.1 互联网应用和性别差距

自由访问互联网仍然是释放新科技潜能的最关键因素，但如何实现普遍的互联网覆盖是一大难题。全球互联网覆盖差距也是一个性别问题。2016年，全球互联网用户性别差距扩大到12%，比2013年增长1%。最不发达国家的差距更大；在2016年，这一差距为31%。国际电信联盟（2016）的报告显示，非洲地区的性别差距最大，达23%；美洲的性别差距最小（2%）。该报告还给出了惊人的数字，在发展中经济体中能够访问互联网的女性人数比男性少近25%。在撒哈拉以南非洲的部分地区这一数字高达近50%。另外，在一些经济合作与发展组织国家，互联网使用的性别差距高于世界平均水平。经济合作与发展组织（2019）的一份报告显示，土耳其的性别差距最大，为18%；而智利为10%，意大利为8%。在拉丁美洲，互联网用户的性别差距因国而异：乌拉圭男女差距最小，为0.7%，而危地马拉则为10%。有趣的是，拉丁美洲地区也有一些国家还存在着利于女性的逆性别差距。例如，哥伦比亚的性别差距为0.1%，而牙买加则达到5.5%（联合国拉丁美洲和加勒比经济委员会，2017）（图3-2）。

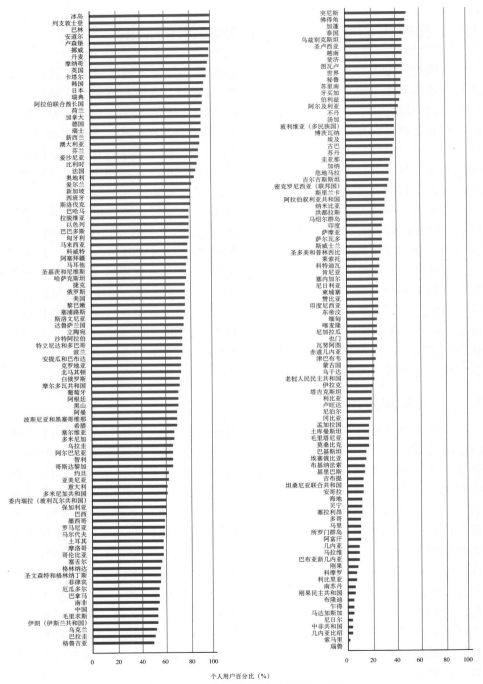

个人用户百分比（%）

图3-1 2016年互联网个人用户百分比

(资料来源：国际电信联盟，2017)

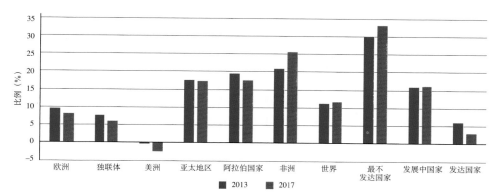

图3-2 2013年和2017年按地区和经济发展水平划分的互联网用户性别差距
（资料来源：国际电信联盟，2017）

国际电信联盟（2016）统计显示，大多数国家的男性互联网用户所占比例高于女性互联网用户。但是，图3-3显示，在中国，男性和女性互联网用户数量相近，女性用户的比例略高于男性（52.4%）。相反，印度仅有29%的互联网用户为女性，主要原因是农村地区的女性经常因性别导致在使用信息通信技术方面受限（Kantar-IMRB，2017）。在拉贾斯坦邦的一个村庄，"村规"禁止农村妇女使用手机或社交媒体。同样，在孟加拉国和巴基斯坦，拥有手机的男性数量是女性的两倍。与中国相似，美国的男女互联网用户数量基本相同；但不同的是，美国男性中互联网用户数量更多，占美国男性总人口的近83%。

互联网使日常生活更便捷；很多问题都可以在网上找到答案。青少年群体是推动互联网运用的主力军。但是，在贫困地区，互联网访问仍然受到限制（Chair and De Lannoy，2018）。在这些地区，互联网资费高、网速慢且不稳定，而且技术设备本身也很昂贵。此外，贫困地区的人们可能缺乏数字素养和技能，因此非洲年轻人的互联网使用率仍然很低。

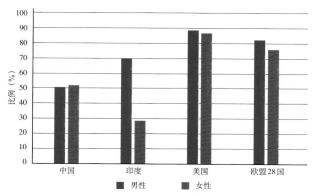

图3-3 2017年部分国家和地区男女互联网用户比例
（资料来源：CNNIN、Kantar-IMRB、皮尤研究中心和欧盟统计局）

3.1.2 互联网应用与青年

2017年，国际电联估计全世界的互联网用户达48%。其中，估计有71%的用户年龄在25岁以下。在发达国家，94%的15~24岁青少年能使用互联网，而在发展中国家和最不发达国家，这一比例分别为67%和30%。在非洲，仅有37.3%的年轻人使用互联网，这一数字高于非洲大陆互联网的使用率（21.8%）（国际电信联盟，2017）。

Deen-Swarray和Chair（2016）发现，2008—2012年，肯尼亚、南非、莫桑比克、纳米比亚、加纳、博茨瓦纳、尼日利亚、坦桑尼亚、乌干达、喀麦隆、埃塞俄比亚和卢旺达使用互联网和移动设备的青年人数量有所增加。除卢旺达、加纳和喀麦隆之外，手机是互联网的第一接入点。15~24岁青少年主要的网络接入点是手机（73%）、网吧（54%）和教育机构（41%）（国际电信联盟和联合国人居规划署，2012）（图3-4）。

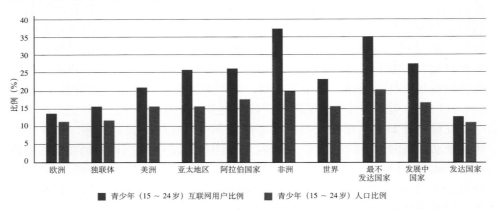

图3-4 2017年青少年（15~24岁）的互联网用户比例和青少年人口比例
（资料来源：国际电信联盟和世界银行，2017）

在拉丁美洲，15~24岁青少年人群是第一大互联网使用群体，无论男性、女性都是如此。在该地区，性别差距最大的群体在25~74岁。在秘鲁，这一年龄区间内，男性互联网用户比女性多6%，而在巴拿马，男性互联网用户比女性多4.1%。平均而言，15岁以下和15~24岁的年轻人中，女性用户比男性多，分别多0.4%和0.6%（联合国拉丁美洲和加勒比经济委员会，2017）。

在印度，情况又有所不同。印度移动互联网主要使用群体为25岁以下的年轻人，城市地区25岁以下青少年中有46%的人口使用移动互联网，而农村地区同一年龄区间内则有57%的人口使用移动互联网。在25~44岁，农村和城市地区的互联网使用率几乎相等；然而，在45岁以上的人群中，城市人口互联网的使用率几乎是农村人口的两倍（图3-5）。

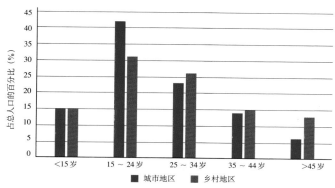

图3-5　2017年印度互联网用户的人口统计数据
（资料来源：Kantar-IMRB，2017）

　　欧盟统计局的报告显示，2013年，70%的16 ～ 74岁女性可以在家访问互联网，比同一年龄段的男性低4%。而在办公场所，男女上网的比例分别为29%和35%。此外，女性手机上网覆盖率为32%，而男性则为39%。另外，21%的女性可以通过自有平板电脑或笔记本电脑访问互联网（男性的比例为27%）（欧洲议会，2018）。在多种互联网使用场景中，欧盟28国均存在明显的性别差距（图3-6）。

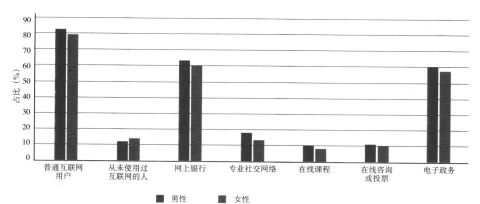

图3-6　2017年欧盟28国使用互联网的性别差距
（资料来源：欧盟统计局，2018a）

　　尽管在发达国家，访问互联网相对容易且资费相对便宜，但在发展中国家，互联网仍然是一种制约和特权，对年轻人和失业者而言尤其如此。Chair和De Lannoy（2018）在非洲几个国家进行的一项调查（表3-1）表明，限制青少年群体访问互联网的主要原因是高成本。高失业率是这些国家青少年的普遍特征。另外，缺乏当地语言则是限制卢旺达20 ～ 24岁青年群体和坦桑尼亚15 ～ 19岁青少年群体上网的主要障碍。

表 3-1　部分国家上网受限的原因

年龄	尼日利亚		卢旺达		坦桑尼亚	
	15 ~ 19	20 ~ 24	15 ~ 19	20 ~ 24	15 ~ 19	20 ~ 24
时间不够，%	10.7	9.1	31.4	35.0	21.4	22.9
资费昂贵，%	35.1	47.5	70.6	50.2	41.3	42.3
上网速度，%	9.1	14.5	17.0	6.3	26.8	16.7
监管 / 隐私问题，%	4.5	3.4	3.6	5.4		0.9
限制使用，%	2.7	1.3	2.0		7.8	
使用不便，%	1.2	1.3		24.0	3.1	5.4
缺乏当地语言内容，%			2.0	33.6	11.7	1.5
没有感兴趣的内容，%			5.9	4.1		3.7

资料来源：Chair 和 De Lannoy，2018。

　　互联网似乎是应对年轻人所面临挑战的灵丹妙药，但事实并不尽然。尽管青少年群体是推动互联网覆盖率增长的主要驱动力，青少年使用互联网的情况仍有提升空间，在贫困国家和地区更是如此（Chair and De Lannoy，2018）。

　　在研究农村使用互联网和信息通信技术方面，智利是一个悖论，也是一个重要案例。根据国际电联（2013）统计，智利在互联网连通性方面领跑拉丁美洲，在信息通信技术公共政策方面也是领导者（Kleine，2013）。智利 61.1% 的家庭能接入互联网，不过城乡差距在不断扩大（国际电联，2016）。根据 Rivera、Lima 和 Castillo（2014）的研究，上一次智利全国互联网连通性调查显示，限制农村地区互联网连通性的主要原因是缺乏相关性（38%）、实用性（19%）、缺乏互联网覆盖（15%）和成本（14%）。这些数字表明，互联网的覆盖率和成本并不像使用互联网的相关性和动机那么重要。

3.1.3　移动互联网应用、社交媒体和网络

　　在撒哈拉以南地区，近 80% 拥有手机的人群主要用手机发送短信。在南非，95% 的手机拥有者使用手机发送消息，在坦桑尼亚，这一数字为 92%，而在其他非洲国家，也至少有一半手机拥有者主要用手机发送信息（皮尤研究

中心，2015）。2017年，全球49.7%的互联网用户能够访问移动互联网，其中大多数用户位于亚洲和非洲。移动互联网流量最大的国家是肯尼亚，其次是尼日利亚、印度、新加坡、加纳和印度尼西亚[①]。此外，全球每天通过手机访问互联网的平均时长为3小时14分钟。在泰国，每天平均时长超过5小时，位列时长榜首（Hootsuite and We are social，2019）。

手机用户借助手机设备开展不同活动，不同年龄、性别和喜好群体用途区别较大。最常见的用途是打电话、发送短信和电子邮件、制作视频和社交。

根据Ouma等人的研究（2017），乌干达56%的成年人使用移动货币服务提取现金，其次是收款（54%）和付款（46%）。在马拉维，有42%的成年人使用手机通话，而大约30%的人使用手机提取现金，其次是收款（23%）、付款（18%）和现金存款（17%）。皮尤研究中心（2015）指出，在非洲的年轻群体中，手机用户主要是受过高等教育并掌握良好英语技能的人群。例如，在加纳，65%的手机用户年龄在18~34岁之间，并使用移动设备发送短信。相比之下，35岁以上手机用户中只有34%从事上述活动。此外，加纳62%的年轻手机用户使用手机拍摄照片或视频，但只有33%的老一代用户这样做（皮尤研究中心，2015）（图3-7）。

2016年，在欧盟28国中，16~74岁人口中有一半以上用户（52%）使用互联网进行社交活动。这些人大多数在首都地区以及北欧国家和欧盟西部成员国。唯一的例外是法国，法国大多数地区利用手机社交的比例相对较低（欧盟统计局，2017b）。

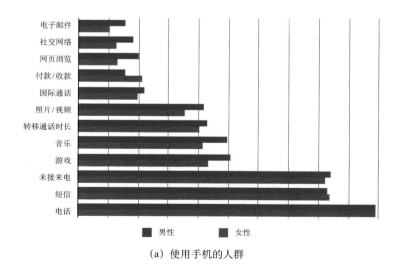

（a）使用手机的人群

---

① www.statista.com/topics/779/mobile- internet/.

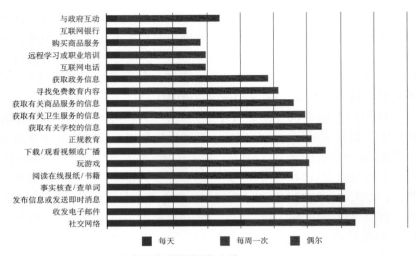

（b）使用移动互联网的人群

图3-7　2011—2012年非洲按用途划分使用手机或互联网的人群比例
（资料来源：非洲研究ICT调查，2018）
注：数据是12个非洲国家的平均值。

　　除了年龄和性别差异外，手机使用的模式在城乡之间也存在很大差异。例如，在印度城市地区，社交网络、电子邮件和在线购物等服务十分普遍，而在印度农村，互联网主要用于视频和音频等娱乐活动（Kantar-IMRB，2017）。

　　手机是全球互联网访问的主要来源，这也对社交媒体的使用产生了影响。我们应重点关注如何最大限度地利用和结合手机与社交媒体以求改善全球人口的日常生活（GFRAS，2016）。全球使用社交媒体的人数正在迅速增长，各国家和地区的顶级平台在过去12个月中几乎每天增加100万新用户，这意味着每秒钟就有11个新用户注册。2018年，全球范围内每月有34亿人使用社交媒体，9/10的用户通过移动设备访问社交平台（Hootsuite and We are social，2019；We are social and Hootsuite，2018）（图3-8）。

　　Eilu（2018）指出，社交媒体是撒哈拉以南非洲地区使用移动互联网的主要场景。不过，虽然互联网、手机和移动设备的使用在全球范围内迅速发展，但对撒哈拉以南非洲农村使用移动互联网和社交媒体状况的研究仍然匮乏。Eilu还强调了撒哈拉以南非洲农村社区对技术的需求。

　　根据Hootsuite（Hootsuite and We are social，2019）的数据，中亚和东南亚的社交媒体渗透率增长最快，分别超过90%和33%。在中国台湾、马来西亚和菲律宾，社交媒体的渗透率已达99%。渗透率增长最快的国家是沙特阿拉伯，增长为32%，渗透率达87%。印度紧随其后，社交媒体用户的年增长率为31%（图3-9）。

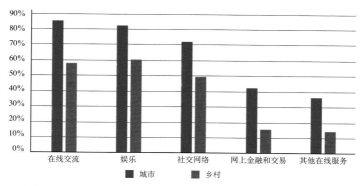

图3-8　2017年按城市化程度划分印度移动互联网访问场景
（资料来源：Kantar-IMRB，2017）

　　另一方面，尼日利亚社交媒体的使用率仍然很低，仅有19%的人口是社交媒体的活跃用户。在加纳，活跃用户占比为29%，而尼泊尔登记的最高渗透率也仅为23%。社交媒体使用率低的潜在原因之一是巨大的性别差异（图3-10）。例如印度只有24%的Facebook用户是女性。孟加拉国的这一数字略低于印度，仅为23%。在巴基斯坦，这一数字甚至更低，仅为22%（We are social，2016）。年轻人群中的性别差距更加明显。

　　根据联合国拉丁美洲和加勒比经济委员会数据库（2015），造成社交媒体使用层面数字鸿沟的原因之一是教育水平。在拉丁美洲和加勒比地区，受过中学或高等教育的人比只受过初等教育或没有受过教育的人更频繁地使用社交媒体。在大多数拉美国家，未经正规教育的人不使用社交网络和媒体。唯一的例外是厄瓜多尔和哥斯达黎加，在这两个国家分别有45%和44.9%的社交网络用户未曾接受教育（图3-11）。

　　Facebook核心平台主导着全球社交格局，其用户总数每年增长15%，2019年初用户数量将近22.7亿户。WhatsApp和Facebook Messenger的增长速

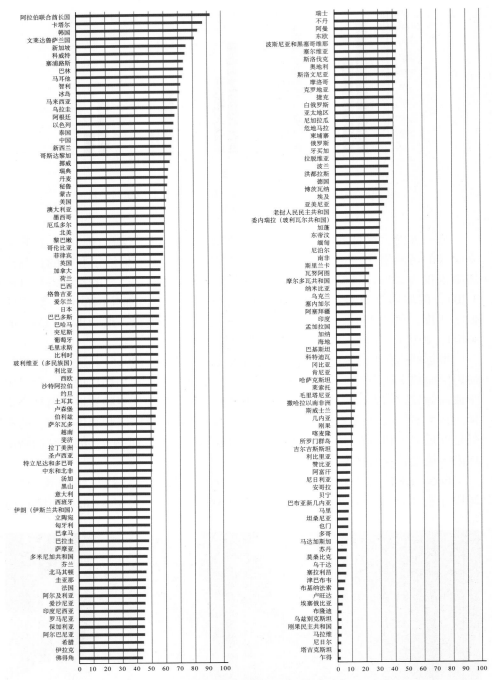

图3-9　2017年全球移动社交媒体渗透率
（资料来源：全球移动通信系统协会，2018）

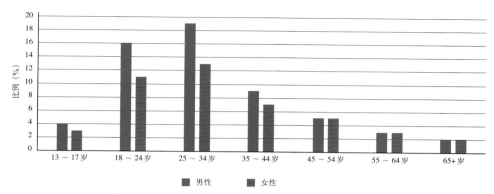

图3-10　2019年按性别和年龄划分社交媒体用户群体
(资料来源：Hootsuite 和 We are social，2019)

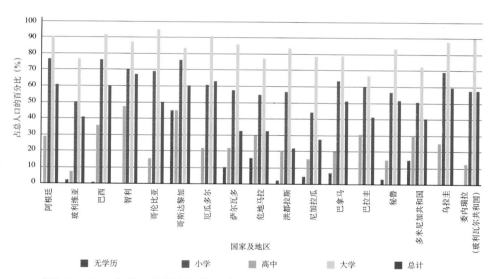

图3-11　2015年拉丁美洲和加勒比地区不同教育程度人群使用社交网络的比例
(资料来源：CEPLSTAT，2019)

度是Facebook核心平台的两倍（图3-12）。Facebook旗下的这些应用程序用户人数每年都增长30%。

　　与Facebook Messenger相比，WhatsApp的使用范围更广，它在全球128个国家地区是排名最高的通信类应用程序，但这两个应用程序的用户数量相差不大。有趣的是，Facebook旗下的应用程序仅在全球25个国家地区不是最常用的通信平台。

　　皮尤研究中心（Pew Research Center，2018）报告称，YouTube和Facebook在美国也占主导地位。美国大多数年轻人，特别是18 ~ 24岁的青少年，都使

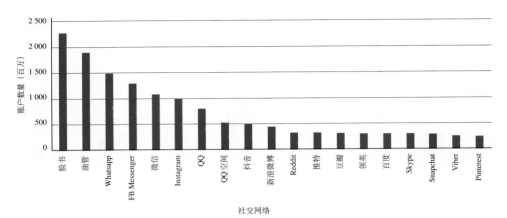

图3-12　2019年社交平台和网络电话活跃用户账号数量
（资料来源：Hootsuite 和 We are social，2019）

用各类社交媒体平台，并且使用频率很高。这些年轻人绝大部分（78%）使用Snapchat，大多数年轻人（71%）每天访问Snapchat平台超过一次。美国农村的社交媒体用户少于城市。此外，在美国城市和农村的用户之间，领英和推特平台的使用率存在显著差异（图3-13）。

目前尚缺乏对移动应用程序使用目的的研究。App Annie（2019）的最新数据显示，如今人们在移动应用上花的时间是在手机浏览器上所花时间的7倍。在印度尼西亚，手机用户每天花在手机应用程序上的时间超过4个小时。2018年，在美国和加拿大等发达市场，普通用户每天在移动应用程序上花费近3个小时时间。

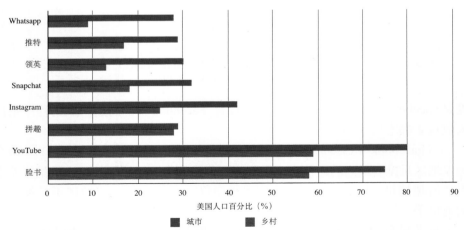

图3-13　2018年按城市化程度使用各社交媒体平台的美国人口百分比
（资料来源：皮尤研究中心，2018）

一般而言，农村居民互联网和社交媒体的使用率较低，主要使用脸书、微信和推特等网络平台，在土著居民聚居地和以部落语言为主的地区尤其如此。除其他因素外，平台是否支持本地语言也是限制因素之一。与城市地区相比，农村地区的教育水平和识字率较低，更需要适当的社交媒体内容。

图3-14显示，发达国家以及官方语言为世界范围内广泛使用语言（英语、法语、西班牙语等）的国家拥有更多支持本国语言的应用程序，而对亚洲、太平洋地区和撒哈拉以南非洲等地区使用当地部落语言或独特民族语言的国家而言，支持本地语种的程序则没有那么多。

3.1.4 移动应用、社交媒体和农业利益相关者网络

3.1.4.1 农业移动应用程序

支持旅游、娱乐、健康、购物、教育和农业等商业领域的移动应用程序数量增长迅猛。在发达国家和发展中国家，移动农业应用程序对于推动农业现代化有着巨大的潜力。例如，移动应用可以帮助增加小农户收入、减少供应和分销交易成本、提高农产品可追溯性和质量标准，也能为金融机构提供投资机会（Costopoulou，Ntaliani and Karetsos，2016）。

手机应用程序商店提供了各种用于餐饮和农业生产领域的应用程序，越来越多的应用程序可能会让消费者和农民难以选择和取舍。与2016年相比，2018年全球排名前五的送餐应用程序下载量增加了115%。在2018年，下载量最大的两个送餐应用程序是dUberEats[①]和Zomato[②]。按国家地区分析，印度下载量增长最快，达到900%。App Annie（2019）指出，加拿大和美国等西方市场对食品配送应用程序的需求也很高，分别增长了255%和175%。

在发展中国家，公共组织或由移动运营商支持的本地企业也提供了许多优秀的农业应用程序。印度的mKisan[③]是一个受欢迎的政府门户网站，提供各种用于农业、园艺、畜牧业等领域的移动应用程序。此外，印度还有Digital Green[④]，这是一个专注于农业并提高推广效率和成本效益的信息提供商。在肯尼亚，有一个流行的SMS和语音移动应用程序名为iCow[⑤]，提供信息咨询等订阅服务，通过提供专业知识和咨讯来提高农场的生产力。这款应用程序在坦桑尼亚和埃塞俄比亚也提供服务。WeFarm[⑥]是另一个类似的SMS服务应用程

---

① www.ubereats.com/en-IT/.

② www.zomato.com.

③ https://mkisan.gov.in/.

④ www.digitalgreen.org/.

⑤ www.icow.co.ke/.

⑥ https://wefarm.co/.

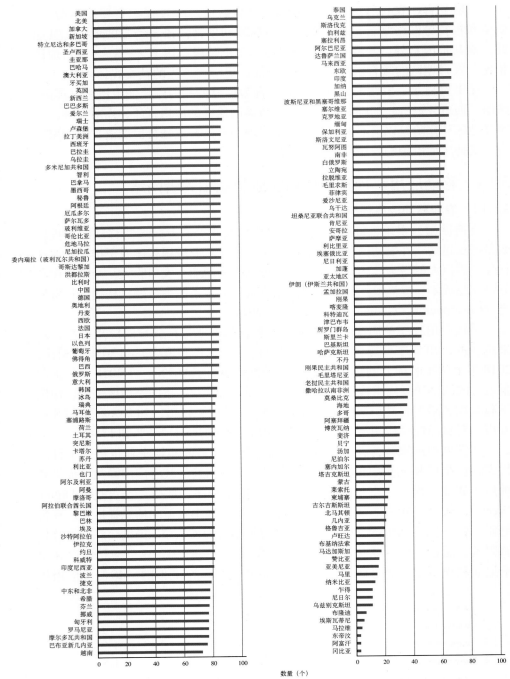

图3-14　2017年支持本地语言的移动应用程序数量
（资料来源：全球移动通信系统协会，2018）

序，这款程序使小农能够通过SMS提问，并从肯尼亚、乌干达、坦桑尼亚和科特迪瓦等国家的注册用户那里获得答案。Esoko[1]和M-Pesa（Vodafone集团旗下）在多个国家和地区提供服务，通过SMS和语音信息为农业价值链上不同细分领域的农民提供信息。2012年，尼日利亚中央银行和农业部推出了移动钱包项目，用以发放享有政府补贴的化肥代金券，这一项目又称智能货币（Smart Money）。这一储蓄支付系统目前在乌干达和坦桑尼亚也提供服务。这个项目替代了整个价值链中的现金支付。大型农业综合企业通过智能货币程序将农作物电子货款转账到中间商的电子钱包内，后者使用同一系统向小农支付费用。

大型国际公司是市场的关键参与者。近年来，他们一直专注于开发和引进应用程序。例如，孟山都公司提供的"Climate Field View"[2]就是一个能提供天气、土壤和农作物相关数据的数字农业平台。这个程序的信息能精确到具体农田，帮助优化农业生产决策。杜邦作物保护公司开发了新的"池塘结构应用程序（Tank Mix App）"[3]，帮助农民计算每个池塘或每片区域所需的农产品量和水量。另外，拜耳作物科学在德国推出的一款应用程序能识别不同农作物中232种有害生物和218种疾病，还能提供有效的控制措施。巴斯夫（BASF）在英国推出了"杂草ID应用"[4]，主打功能是识别140种杂草。此外，巴斯夫还开发了"谷物疾病ID应用程序"[5]，让农民能够通过手机快速获取有关36种谷物疾病的信息（症状、周期、宿主、严重性和控制方案）。

2016年，安卓操作系统上有561个与农业食品相关的应用程序，iOS操作系统上有589个。这些应用程序可以分为：商业和财务数据、动物生产、农场管理（作物）、病虫害、农业技术和创新、农业机械、喷洒活动、天气预报、农业培训、农业新闻和其他与农业食品部门相关的应用程序[6]。

表3-2显示了截至2016年底Android和iOS系统上各类别移动应用程序的实际数量。由于Windows手机在2016年刚推出不久，因此只有42款用于农业部门的移动应用程序。许多程序在多个应用商店上架。最受欢迎的农业应用程序与农业设备有关，已有超过10万次的下载量（Costopoulou，Ntaliani and Karetsos，2016）。

---

① https://esoko.com/.

② www.climate.com/.

③ www.mixtankapp.com/.

④ www.agricentre.basf.co.uk/en/Services/ Mobile-Tools/Weed-ID-app/.

⑤ www.agricentre.basf.co.uk/en/Services/ Mobile-Tools/OSR-GAI-app/Disease-ID- app.html.

⑥ www.farms.com/agriculture-apps/.

表3-2　2016年农业移动应用程序情况

类别	安卓操作系统	iOS操作系统
商业和金融数据	121	123
动物生产	65	65
农场管理（农作物）	69	91
病虫害	20	24
农业技术与创新	73	88
农业机械	39	35
喷洒活动	30	31
天气预报	18	17
培训	41	39
农业新闻	41	46
其他	44	30
总数	561	589

资料来源：Costopoulou，Ntaliani和Karetsos，2016。

3.1.4.2 社交媒体和农业

　　社交媒体是交流沟通的平台，农业生产者使用社交媒体平台主要是为了提高社会影响力（Varner，2012）。社交媒体让农民能够发声，能够与客户直接联系，这有助于产品营销，能够促进群众交流并增加利润（Carr and Hayes，2015）。对于农业产业而言，社交媒体的关键价值在于促进同业交流，促进农民、农产品加工业和消费者之间的沟通（Stanley，2013）。Sokoya，Onifade和Alabi（2012）认为，农业研究人员、农业专业人员和农业部门其他利益相关者越来越多地使用社交媒体。包括YouTube、Facebook、博客、维基百科和播客在内的社交媒体能够大大助力农业技术推广，但其内容和影响范围必须根据用户来确定（Gharis et al.,2014）。Bhattacharjee和Saravanan（2016）的报告称，在YouTube上用关键词"务农"进行搜索，大约有30万条搜索结果，而关键词"农业"的搜索结果几乎增加了两倍，约有88.9万条，"农业技术推广"的搜索结果则为10 400条。

　　近年来，农民越来越普遍地使用社交媒体已成趋势。"农场自拍"在Facebook上很流行。Bhattacharjee和Saravanan（2016）对62个国家展开研究，发现Facebook是农业利益相关者最常用的社交网络之一（图3-15）。Facebook上最大的农业群组之一是"数字农民肯尼亚"，有33.6万名成员，主打良好的农业和食品实践案例分享。另一个群组是"非洲农民俱乐部"，由一群年轻富

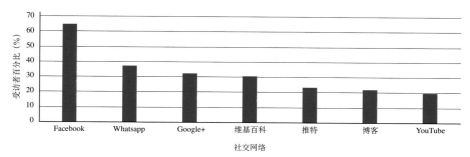

图3-15　2016年农业利益相关者对社交媒体的偏好
（资料来源：Bhattacharjee和Saravanan，2016）

注：包括62个国家。

有激情的农民组建，共有12.7万名会员，主要通过分享技巧、经验、成功案例和相互鼓励来拉近非洲农民间的距离。东南欧，特别是前南斯拉夫国家也有类似的群组，并且同样办得很成功。Facebook群组"Dobra zemlja"有12.4万名来自该地区的成员，他们分享的内容与上述群组类似。

除社交网络外，诸如WhatsApp之类的数字工具（网络电话）也用于农业价值链上利益相关者间的沟通交流。印度卡纳塔克邦的农业部门已强制要求农业发展官员必须拥有智能手机，以便通过WhatsApp发布信息、通知和通告。与Facebook相似，WhatsApp上的群组"Baliraja"使来自不同村庄的农民能够寻求并分享农业建议，并与各个领域的专家建立联系并学习新型农业技术[①]。

2017年，MarketingtoFarmers.com网站[②]报告称YouTube是美国农民使用最多的社交网络，美国农民通过观看Youtube上的视频来获取有关农场产品和服务的信息（图3-16）。

在澳大利亚，社交媒体通常用于公司形象塑造、产品营销和客户沟通（澳大利亚统计局，2017a）。配有网络（6%）或社交媒体（5%）或者两者都有（2%）的农场相对较少。澳大利亚统计局（2017b）同样也发现农业领域的网络足迹较少这一问题。2015—2016年，在所有经济领域中，农业、林业和渔业是企业上网率最低的领域（仅为12%，相比之下，企业总上网率为50%），也是企业社交媒体使用比例最低的经济部门（为11%，使用社交媒体的企业比例为38%）（Dufty and Jackson，2018）。

在过去的34年中，非洲农村地区信息通信技术的使用率实现迅速增长（Jere and Erastus，2015），这也改变了农民交流、获取和交换信息的方式，对年轻一代农民影响尤其大（Odiaka，2015）。因此，信息通信技术的快速普及

---

①　https://agrinfobank.com.pk/whatsapp-in- agriculture/.

②　https://marketingtofarmers.com/.

为非洲农民带来了提高知识水平和改善生计的新机遇（Asongu，2015；Aker and Mbiti，2010）（图3-17）。

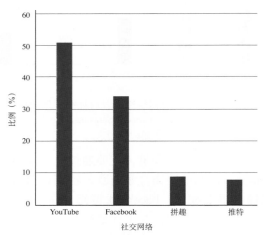

图3-16　2017年美国农民社交网络使用情况
（资料来源：MarketingToFarmers.com，2017）

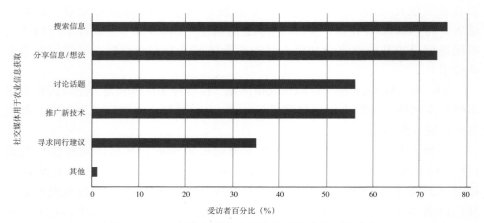

图3-17　2016年社交媒体在获取农业信息方面的优势
（资料来源：Bhattacharjee和Saravanan，2016）
注：包括62个国家。

　　高昂的互联网成本和有限的智能手机持有率会限制农民间的信息流动，并限制农民通过社交网络（如Facebook）获得农业支持的能力（Andres and Woodard，2013）。受制约的人群主要是非洲、亚洲和其他发展中国家的农民。此外，也仍然鲜有农民和农业技术推广人员通过社交媒体传播专业信息或组织信息，其主要原因是缺乏相关意识（Rhoades and Aue，2010）。

3.1.5 信息通信技术用于农业技术推广和咨询服务

根据世界银行（2017）的研究，由于农业研究投入增加、私营部门对数字技术发展兴趣浓厚、农业发展相关组织兴起等原因，信息通信技术支持农业部门发展的能力也得到了增强。如果使用得当，信息通信技术可以提供商机，促进社会和政治包容，最终实现共同繁荣。在发展中国家，信息通信技术的增长使用户能够交换和获取重要信息，对偏远地区的个人和社区帮助尤大（Aker，2011）。偏远地区的农民和社区由于缺乏资金和人力资源导致困难重重。贝尔（Bell，2015）指出，再强大的公共推广服务也只能直接覆盖10%的农民总人数。如果运营资金受限，这个数字甚至会更低。而使用数字工具（例如社交网络和网络电话）提供数字咨询服务则能够扩大服务农民的范围。

Sulaiman 等人（2012）回顾了利用信息通信技术推动南亚创新的进程，研究发现人们尚未充分利用信息通信技术作为交流工具的潜力。他们认为，承认中间商的作用并整合其创新能力，通过建立网络使社区能够利用所提供的信息，这些都能更好地发挥信息通信技术的潜能（Sulaiman et al.，2012）。Van Mele，Wanvoeke 和 Zossou（2010）完成了一个成功应用信息通信技术的案例。他们发现户外视频演示能促进自主学习，释放当地农民的创造力和实验精神，建立穷人、青年人和妇女等农村人群之间的相互信任和凝聚力。

在乌干达，Grameen Foundation Community Knowledge Worker[①] 的目标是通过结合智能手机和社交网络构建一个同行顾问网络，从而联系到偏远社区的农民，并提供准确信息助力农业生产（图 3-18）。通过网络联系农民还不够，还必须向他们传递与农业息息相关的精确信息。虽然全球很多农民使用社交媒体与同行和专家建立联系，并获取信息和知识，但农业技术推广员和推广组织对农民仍存有刻板印象，认为农民都不谙技术，也没有定性信息摄入，因而不愿意采用数字工具（Diem et al.，2011）。Fuess（2011）、Newbury、Humphreys 和 Fuess（2014）和 Lucas（2011）的研究都指出，无关紧要的帖子、隐私问题、利益相关者莫衷一是以及使用社交媒体能力缺乏等因素都限制了农业技术推广过程中社交媒体的使用（图 3-19）。

联合国粮农组织（2015）的报告指出，数字绿色（Digital Green）已经以20多种语言制作了近 3 000 个视频，覆盖了印度、埃塞俄比亚和加纳超过 3 900个村庄的 30 万农民。这些视频播放次数超过 20 万次，并被采用超过 37 万次。然而，Bhattacharjee 和 Saravanan（2016）指出，农业中社交媒体使用率低下的主要限制因素是时间分配问题和个人隐私问题。此外，他们还观察到缺乏相关意识和

---

① https://grameenfoundation.org/tags/ community-knowledge-worker.

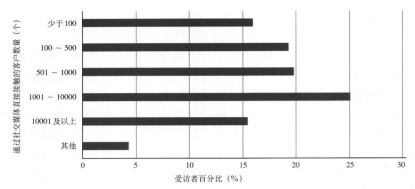

图3-18　2016年推广官员通过社交媒体直接联系到的农民人数
（资料来源：Bhattacharjee和Saravanan，2016）
注：包括62个国家。

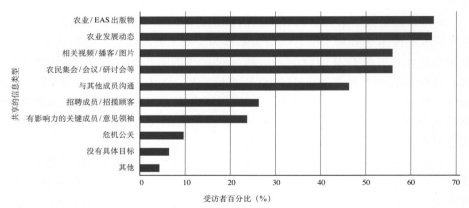

图3-19　2016年农业技术推广人员共享的信息类型
（资料来源：Bhattacharjee和Saravanan，2016）
注：包括62个国家。

社交媒体技能也是农业技术实地推广人员少用社交媒体的主要原因。在发展中国家，农业技术推广人员在教学过程中甚至未使用低水平的信息通信技术，原因包括训练无方的培训人员自身缺乏相关技能、购买信息通信技术的资金不足、电力供应不稳定以及促进使用通信技术的监管压力缺位（世界银行，2011）。

农业推广服务的利益相关者通常受教育程度较低，而使用社交媒体需要教育和技术素养。Thomas和Laseinde（2015）报告称推广人员需要接受社交媒体相关的基本技能培训。根据Meena，Chand和Menna（2013）的研究显示，在印度，社交网络Facebook最受农业推广人员和研究专业人士欢迎。马里和布基纳法索历来便偏爱使用信息通信技术自上而下开展农业技术推广工作，尤其重视专职推广部门编制的广播电视节目（Bentley et al., 2014）。但是，

Bentley等人也援引了农民和当地推广人员的话，说马里和布基纳法索的农业推广基本没有使用其他可用和已有的技术，例如手机视频和蓝牙技术。

3.1.6　农民使用信息通信工具的目的

尽管社交媒体和网络电话已渗透到农业食品领域，农民和农村社区也更加频繁地使用这些技术，当前提供的内容并不能与全球数字化转型保持同步。在拥有人工智能、大数据等更先进技术的今天，农民仍然只是内容消费者，而不是内容生产者。尽管大多数农民会使用常见的社交平台，但使用这些平台服务农业甚至将其用于电子农务的并不多。在一些被视为发展中国家的东南欧国家，农业和食品数字内容渗透率很低。尽管信息技术基础设施都已发展完善，但在这些国家，不仅社交媒体，连网站和SEO（搜索引擎优化）工具都被农民边缘化（图3-20）。

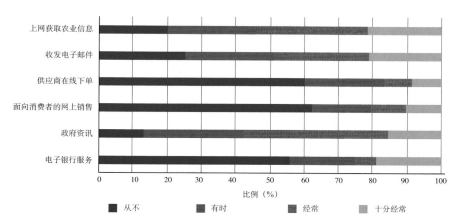

图3-20　2017年东南欧部分国家农民使用信息通信工具的目的
（资料来源：FACE，2017）
注：包括阿尔巴尼亚、北马其顿和塞尔维亚。

与调查中其他两个国家的农民相比，塞尔维亚的农民更常使用数字工具来获取相关信息，以服务其财务工作（销售、电子银行）。此外，农民还经常通过社交媒体和大众传媒而非政府官方网站获取政府信息。数字工具对进军新市场也很重要，这一结论对于塞尔维亚的有机农业社区尤为适用。不同地区对数字内容的需求不同，农民所需的信息也有所不同。在柬埔寨，88%的农民曾使用农业应用程序获取信息，82%的农民曾在Facebook页面试图找到有关商品的市场价格信息，但只有15%的农民找到了需要的信息[①]。在加纳，大多数

---

① http://geeksincambodia.com/growth-in-cambodias-mobile-penetration-changing-to-how-countrys-farmers-get-information/.

农民称他们需要智能的天气预报①。

在美国，《农场杂志》2018年进行的一项研究②表明，不仅视频内容有益于农民学习，音频内容也是如此。研究中超过半数的农民每天至少在手机上收听一次音频播客，而25%的受访农民更是每天收听一次以上。图3-21显示，2018年美国农民主要通过手机查询商品价格，或搜索农艺信息，再或是阅读与农业有关的材料。

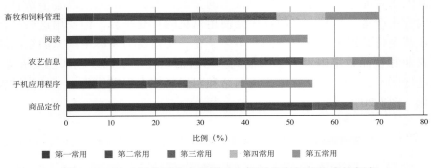

图3-21 2018年美国在农业活动中使用信息通信技术的频率
（资料来源：Farmer Journal，AgWeb移动研究，2018）

3.1.7 精准农业技术的应用

尽管最不发达国家和发展中国家的小农户都在尝试通过超前采用先进技术来跨越数字化进程，即通常所说的"插队"，但这种情况还仅出现在发达国家。区块链、人工智能、机器人和无人机等技术的应用在加拿大、美国、欧盟等国家和地区以及巴西、印度和中国等新兴经济体的农民中最为普遍。精准农业（PA）便是结合了基于信息通信技术的全农场管理方法、卫星定位（GNSS）数据、遥感和农业近端数据收集等元素的一组技术，其目的是通过防止农民过渡投入来降低运营成本。即使在使用精准农业技术的情况下增加了投入和运营成本，收益增长也足以带动利润的增长。使用精准农业技术所需的资本支出也许会增加日常成本，但也能帮助农民减少运营投入（Schimmelpfennig，2017）。

图3-22总结了2015年加拿大内布拉斯加州各种精准农业技术和农业数据管理工具的采用率。受调的生产商广泛采用多种可用的技术，包括土壤采样（98%）和计算机高速互联网访问（94%）。产量检测仪和产量地图以及GPS导航系统是第二常见的精准农业技术，采用率超过80%。产量检测仪和产量

---

① https://esoko.com/improving-access-agric-information-farmer-helpline/.

② http://farmjournalsales.com/research/current-library/#agwebmobileresearch.

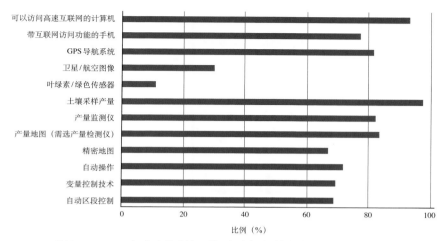

图3-22　2015年内布拉斯加（加拿大）的精准农业技术使用情况
（资料来源：Castle，Lubben 和 Luck，2015）

地图可能是其他所有精准农业技术的先决条件，也是构建历史数据以便进一步分析的第一步。

　　就精准农业而言，导航系统对于提高农田效率和减少农民疲劳至关重要。导航系统有助于使用自动操控技术和自动区段控制技术，在受访者中也得以广泛采用。变量控制（VR）技术也得到广泛采用，有68%的受访者采用了这一技术（Castle，Lubben and Luck，2015）。研究还表明，生产者在农场运营期间使用各种农场软件协助开展分析、生产和管理决策等活动。图3-22提供了有关软件使用的信息。用于绘制产量分布图的软件最为常见，其次是使用营养和肥料变量控制程序以及变量控制播种程序。此外，软件还大量应用于土壤采样和记录跟踪。

　　从事耕种的农民使用的精准农业技术最为先进，欧洲、美国和澳大利亚主要粮食种植区拥有大型农场和广阔田地并主要依靠商业模式最大限度提高利润的农民所使用的精准农业尤为先进。多年来，在全球范围内对精准农业技术的采用和使用都在增加。虽然不是所有技术都适用于小农农场，但是下行的数字技术成本以及农民不断增长的知识和不断强化的意识意味着这些技术会得到越来越多的应用。迄今为止，小农采用精准农业技术不管在发达国家还是发展中国家都已是大势所趋。

　　精准农业已成为美国许多农业生产的标准操作程序。尽管研究者和农民都证实了精准农业的效率和公顷节省成本，但这些不易操作的技术依然存在使用壁垒。图3-23显示了欧盟对精准技术的使用情况。精准服务和手动控制制导系统使用最广泛，自动导引系统也得到了迅速的采用。遥感服务以及用于后

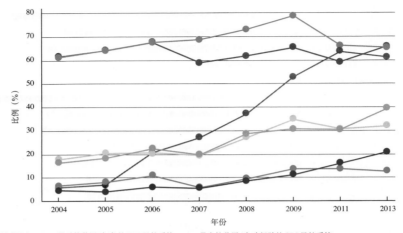

图 3-23　2004—2013 年欧盟农场使用精密技术的情况
(资料来源：欧洲议会，2014)

勤的土壤电导率测绘和全球导航卫星系统的使用率也实现了增长。

　　有关欧盟业务组织方式的详细统计信息依旧匮乏，出于保密性以及欧洲各国案例异质性的缘故，跨国交易商也很少共享信息（欧洲议会，2014）。Holland 等（2013）在调查美国经销商时发现，超过 80% 的经销商还提供定制服务，欧洲的情况也大致相近。零售和批发行业合并（请参阅第 3.3.2 节）以及种植者解决方案管理的大趋势大大增加了农业市场的复杂性。但是，这些联动也将使分销渠道能够精准定位适合自身业务模型的解决方案，从而提高投资资本回报率。零售商、代理商和农户经销商仍将是农民销售农产品的主要渠道。因此，肥料、种子和农作物保护等细分赛道可能会发生巨大变化。

　　然而，现有数据显示，虽然欧盟 28 国的签约服务增长非常迅速，但签约服务量是农民可用资金的函数；也就是说，这些服务在回报不佳的年头可能会减少。使用全球导航卫星系统进行土壤采样和现场制图是最受欢迎的两种服务，但在过去几年里，产量监测仪数据分析和卫星图像的使用也有所增加，预计到 2016 年会有更大的增长。其他精准农业服务的采用（图 3-24）呈现稳步增长趋势，并有望在 2016 年实现快速增长。

　　图 3-23 和图 3-24 显示，精准农业在确保自然资源和环境可持续利用的同时，也能在满足欧盟 28 国对食品、饲料和原材料日益增长的需求方面发挥重要作用。然而，因为农场规模不一、结构多样，欧盟采用精准农业技术仍存在困难。对支持中小规模农民采用精准农业技术的行动进行评估是扶持精准农业的重要步骤。

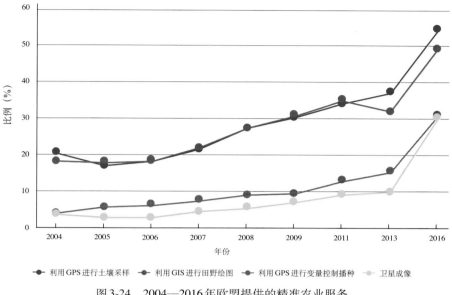

图3-24　2004—2016年欧盟提供的精准农业服务
(资料来源：欧洲议会，2014)

3.1.8　本节小结

　　教育和收入水平是重要决定因素，它们不仅决定人们是否使用互联网，还决定人们如何使用互联网。受过较高教育的互联网用户使用电子商务、在线金融和政府服务等更高水平服务的程度要高于教育水平和收入水平较低的互联网用户，后者主要使用互联网进行通信和娱乐。连通性差距继续缩小：预计未来几年将有十亿人开始使用移动互联网，60%的世界人口将有网可用。尽管全球将近一半的人口能使用上互联网，但在最不发达国家互联网使用率仍低得多，仅有1/7。青年人群的互联网使用率值得重视。与最不发达国家和发展中国家的青年相比，高收入国家的青年群体会使用互联网开展更多活动。在最不发达国家，男女差距更大；在大多数最不发达国家，男性互联网用户的比例高于女性互联网用户。互联网访问是新技术的关键组成部分，但是普遍的互联网访问仍然是一个问题。

　　不同年龄、性别和喜好群体使用手机开展的活动有所不同。最常见的活动是打电话、发送短信和电子邮件、制作视频和开展社交活动，但手机使用的模式因年龄和性别而异，并且在城市和农村地区也会有所不同。手机农业应用程序对推动发达国家和发展中国家农业部门的现代化都有巨大的潜力，并且由于手机是最实惠且最普遍的信息通信工具，在现有社会平台和电话网络的支持下，手机将成为农业和粮食领域的变革者。农村社区和农民面临的主要障碍是高昂的互联网资费和有限的智能手机持有率，这两个因素限制了农民间的信息流动，阻碍农民获取可用的农业支持。在发达国家和一些发展中国家，农民利用精准农业技术做出更好的决策，从而提高产量、保护环境并改善生计。

在高级数字技术采用方面，标准缺位和系统间数据交换受限等因素削弱了农民采用不同品牌、公司器械的意愿。此外，由于缺乏有效的农艺数学模型来支持投资决策，独立的顾问咨询服务也处于缺位状态。

3.2 农村人口的数字技能

数字化将促使日常工作自动化，对信息通信技术人才的需求也日益增加，因为这些技术人才能够充分利用数字设备、处理设备产出的信息并进一步开发程序和应用程序。这一系列工作不仅需要用于沟通的基本读写能力，还需要用以处理、阐释、展示和传输数据的高级技能。换句话说，如今在上学期间尚未习得基本读写计算能力、未掌握信息和数据处理所需技能的年轻人就必须抓紧学习相关技能了。信息通信技术的发展十分迅猛，因此快速应用和学习信息通信技术的需求也不断增加。"在瞬息万变的全球市场中，产品和流程迅速迭代，培养读写和计算能力的基础教育以及便捷有效的持续学习至关重要"（联合国开发计划署，2015）。

3.2.1 数字技能的全球趋势

世界经济论坛（2016）估计，2020年33%的工作在2016年尚不存在，并在报告中指出多数行业中的职业（无论新旧）所需技能都将发生变化，新技能将改变人们的工作方式和场所（图3-25）。到2022年，人、机器和算法间的新分工在全球范围内将催生至少1.33亿个新职业。对技术技能（例如编程和应用程序开发）和计算机技术以及电脑所缺乏的创造性思维、问题解决和谈判等能力的需求也将十分旺盛（世界经济论坛，2018）。世界经济论坛（2018）还估计，到2022年，一半以上（54%）的工作人口将需要大幅更新技能，而且这个问题在某些地区可能更加严重。例如，欧盟统计局2017年的数据显示，欧盟28国中约37%的工人甚至不具备基本的数字技能，掌握高级专业技能的人则更是少数，因而公司需要成功地采用数字技术。

在欧盟28国中，只有26%的人口掌握低层次的综合数字技能；不过这个数字因国家而异，卢森堡仅有5%，而保加利亚和罗马尼亚则达到45%和

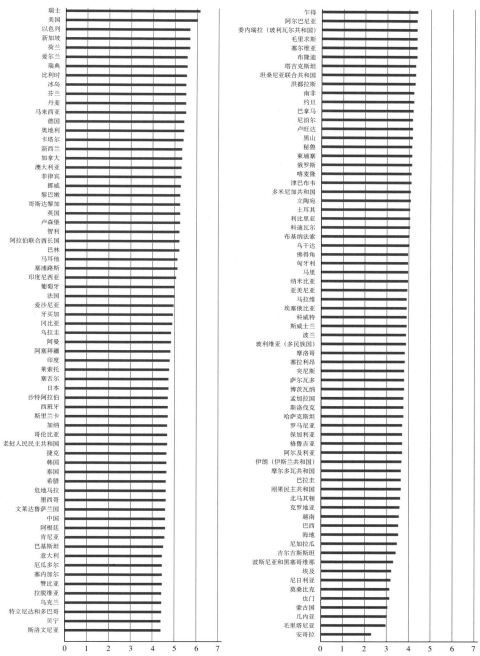

图3-25　2017年活跃人口的数字技能（1～7，7为最高分）
（资料来源：世界经济论坛，2018）

46%。欧盟有8个国家30%或以上的人口不具备数字技能。在意大利，将近1 800万人不具备数字技能。如果想在数字社会中生存，人们需要掌握的不仅仅只是发送电子邮件之类的低级数字技能。几乎一半（40%）的欧盟人口数字能力不足，仅有低层次的数字技能或根本没有使用互联网。这个数字同样在不同欧盟国家也有所不同，有17个成员国数字能力不足率高于平均水平。根据数字议程记分板（Digital Agenda Scoreboard）（2015）[1]，罗马尼亚80%的人口不具备在数字化时代有效工作所需的数字技能。

此外，在一些东南欧国家，例如科索沃[2]，近3/4的人口整体数字技能水平较低，其次是北马其顿、土耳其、塞尔维亚和黑山（图3-26）。低于欧盟28国平均水平的只有3个非欧盟国家：冰岛、瑞士和挪威。

如图3-27所示，拉丁美洲和加勒比海地区国家的男性和女性在基本数字技能或基本数字功能使用（如发送电子邮件）上的差距要大于欧盟28国。男性比女性更频繁地使用电子邮件，只有阿根廷女性发送电子邮件的频率高于男性。在玻利维亚和洪都拉斯，男女差距更大。

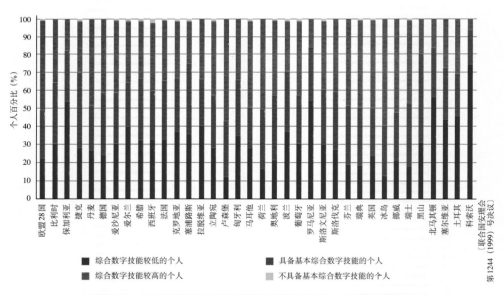

图3-26　2017年欧盟28国和其他国家及地区人口的数字技能
（资料来源：欧盟统计局，2017a）

---

① https://ec.europa.eu/digital-single-market/ en/news/digital-agenda-scoreboard-2015- strengthening-european-digital-economy- and-society.

② 联合国安理会第1244（1999）号决议。

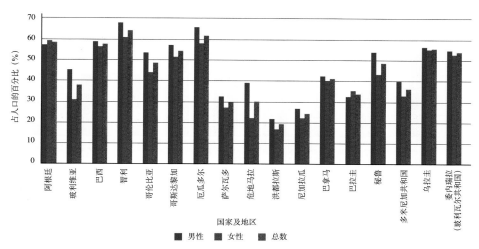

图3-27　2015年拉丁美洲男女性频繁使用电子邮件的人口占比
（资料来源：联合国拉加经委会，2015）

3.2.2　城乡之间的数字技能差距

与城市地区相比，农村地区更加受限于高速互联网访问的局限。不过，超过一半的农村企业主表示在采用数字技术实现增产方面更多面临的是数字技能相关的障碍，比如招募不到具有相关数字技能的人员，难以为现有劳动力提供合适的培训等。在农村地区，熟练技术人才稀缺，因此与城市地区相比，农村地区能招聘到的人才也有限。RESURC（2018）报告称，14%的企业主难以为现有员工提供适当的外部数字技能培训；1/5的受访者还表示现有员工缺乏技能，也难以招募到具有适当数字技能的员工。

此外，通常IT专业人员要求的薪资会高于农村企业所能承受的水平，这也导致本地技术支持有限。培训对于员工掌握数字技术技能至关重要，新技术的使用离不开知晓并选择应用数字技术的工人。例如，使用区块链管理小型农场供应链将有助于企业获得更高的经济效益。

图3-28总结了农村和城市的技能差距。与农村地区相比，城市地区的居民拥有更多的技术技能。国际电信联盟的最新报告（2018）强调了不同的技能差距。例如，在城市中，懂得如何复制或移动文件或文件夹的人口比农村地区多出13%，懂得如何发送含附件的电子邮件的人口比农村多17%。尽管农村手机使用量正在增加，并且社交媒体渗透率也有所提高，但软件下载和安装的能力仍落后于城市居民。编程仍然算是相对新颖的事物，而且懂得编程的人多为青年人，因此无论农村还是城市，掌握编程技能的人仍属少数。

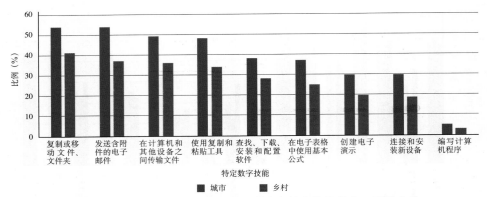

图3-28　2017年农村和城市地区具有特定数字技能的人口平均占比
（资料来源：国际电信联盟，2019）

　　显然，在教育过程中引入信息通信技术可以提高人口数字素养，提高数字技术和互联网的普及度并降低相关费用，能提高人口的数字技能水平。但是，农村地区人口获取数字技能的进程落后于城市地区。在欧盟28国中，农村地区人口更有可能缺乏基本知识和技能。这也意味着即使铺设了数字基础设施，农村地区在提供服务方面仍可能存在不足。Wilson等人（2018）在报告中曾指出，英国的农村人口面临与技能相关的障碍，给这些地区的企业主造成了困难，因为与城市地区相比，农村地区更难采用数字技术实现更大增长，也更难招募熟练的劳动力，而且在现有劳动力培训方面也存在挑战[①]。另外一个挑战是性别差距，这和城市化程度一样影响着欧盟数字化进程。从图3-29可以看出，虽然欧盟国家性别差距很小，但性别差距也确实存在。

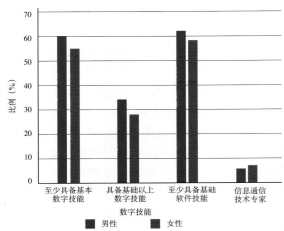

图3-29　2018年欧盟28国在数字技能方面的性别差距
（资料来源：欧盟统计局，2019）

---

① www.information-age.com/rural- businesses-digital-technology-key- growth-123469962/.

越来越多的数字技术专注于农业粮食市场，数字技能已成为现代农场管理的基本要素。对于具备数字技能的农民和劳动力的需求已经增加，但是农业部门仍存在巨大的技能缺口，无论是在发达国家还是最不发达国家，农村地区的缺口都很严重（麦肯锡咨询公司，2016c）。

3.2.3 本节小结

数字化转型正在从结构上改变劳动力市场和工作性质。人们担心这些变化可能会影响就业条件、就业水平和收入分配。除了投资技术，我们还需要投资技能和知识，为未来做准备。目前，对于新型跨学科数字技能的需求正在激增。农业粮食部门所需的技能将改变和颠覆人们工作的方式和地点，这可能对女性和男性工人产生不同的影响，因而改变农业粮食行业性别差距的现状。在发达国家和发展中国家，数字技能都是一个令人关注的问题。显然，那些将信息和通信技术作为教育内容的国家具有更高的数字素养和普及度更高、费率更低的数字工具以及互联网服务，这些国家在数字技能方面也会有更优的表现。然而，农村地区培养数字技能的进程仍落后于城市地区。为此，我们还需要开发数字技能模型来帮助农民学习数字技能，从而帮助他们快速分析、评估和实施对自身农场而言最佳的行动、解决方案和技术。数字化正在对劳动力市场和农村经济所需的技能类型产生重大影响，并正重新定义农民和农业企业家的角色。

3.3 数字农业创业和创新文化

创建数字农业创业和创新文化是一个终身的政治和实践过程，需从学龄前和小学阶段开始培养。创建一种长期的数字农业创业和创新文化需具备的因素包括冒险精神、所有利益相关者之间稳固的相互信任关系、专业服务意识、可持续的数字生态系统、乐于分享的技能与态度以及豁达的胸怀或所谓的“开放式创新”。

总的来说，数字企业家精神能欣然接受所有新型风险企业，以及通过新型数字技术实现转型的现有企业。在数字时代，企业的特点是对新数字技术（尤其是社交、移动、分析和云解决方案）的广泛采用，谋求改善业务运营，发明新型（数字）业务模型，增强商业智能，通过新型（数字）渠道增强与客户和利益相关者的互动关系[①]。

因此，世界范围内所采取的一些引人瞩目的措施正致力于促进“数字初创企业”的创建与发展，并由此加速数字创业活动。尤其是近期以来，数字创

① http://ec.europa.eu/DocsRoom/ documents/5313/attachments/1/ translations.

业活动进入持续增长阶段，在农业和粮食部门这一趋势是显而易见的。此外，21世纪的新型农民能够制订商业计划书、寻求资金、享受新型农业企业孵化器，甚至有机会参加学术会议。新型青年一代的农民更愿意冒险，更具有企业家精神。例如，仅在意大利，2013年25～30岁的青年创办了12 000多家农业初创企业（意大利农牧协会Coldiretti，2018）。另有数据显示到2018年初，非洲记录在案的农业技术初创企业数量达82家，其中52%的企业早在2016年就已着手创建（Disrupt Africa[①]，2018）。图3-30为2017年创业文化得分情况。

在数字时代，构建创业文化通常与一个国家的GDP或地理区域无关，原因在于电子商务和数字平台具有易使用性且加速创业文化进程也并不困难。不可否认的是发达国家在实现创业环境方面处于主导地位，但非洲的几内亚、卢旺达、赞比亚或中亚的土耳其、亚美尼亚等欠发达国家同时也在紧跟潮流，牢牢抓住数字时代的发展机遇。

3.3.1 农业技术创业精神的全球趋势

如今，数字农业企业家面临的主要问题不是技术的使用，也不是技术部署方式，而是数字农业策略、领导技能以及新型思维方式。在探索如何解决这些问题时，主要有5项策略维度：反思客户、反思竞争、反思数据、反思创新以及反思价值。农民需要自我设问：“我对市场的价值是什么？”

当前许多农民已经是优秀的管理者，也具备农业企业家精神。作为“价格接受者”，他们具备出色的能力，可充分利用自己的资源，但“价格接受者”也意味着农民无须承担风险，缺乏创新，企业家精神应具备的动力不足（Kahan，2012）。总而言之，并不是所有农民都可以成为企业家；反之，也不是所有企业家都能成为农民。然而，构建可持续的数字生态系统需要所有利益相关者的支持。数字技术就是能重塑未来农业食品价值链的技术。

诚然，数字技术在农业中的广泛应用开拓了新市场，创造了新的可能性。对于要求更高和敏感的末端消费者，农民可根据每位客户的个性化需求创建定制化的生产链。初创公司可利用定制化的生产链，采用智能系统生产创新性产品，由此盈利。按照客户可以理解和追踪的方式，这些系统记录了从作物栽培、田间管理、磨坊制造和工厂加工的整个生产过程。农业工程领域也在不断开发新型产品。人们期望创新型解决方案不断涌现，从而在实现盈利的同时，也为农民提供机会生产世界所需的粮食。例如，农业GPS系统（如AGCO、Claas、CNH、John Deere、Krone、Lemken、Rauch等）有助于减少化肥和农药的用量。

数字农业不仅对大型跨国公司具有吸引力，而且也吸引了从事农业的

---

① Disrupt Africa为非洲媒体。——译者注

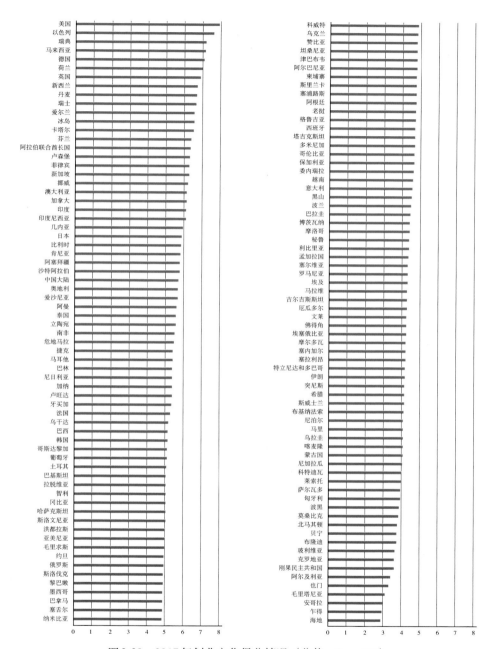

图 3-30　2017 年创业文化得分情况（分值：0 ～ 100）
（资料来源：2018 年世界经济论坛）

青年一代，这些青年已通过企业发现了创收机会。诚然，这些企业可以为农民和农业行业的其他参与者提供数字化服务。换句话说，农业领域数字时代的到来已经改变了农业和粮食行业的面貌，并开始对年轻人展现出一定的吸引力，尤其是在新兴经济体和发展中国家的年轻人中具有一定的影响力。

那些实现从农场到餐桌全过程创新的农业技术初创公司，在2018年筹集资金169亿美元（约合人民币1 096亿元），同比增长43%，增长率与全球整体风险投资（VC）市场一致。与所有风险投资行业相比，其交易活动增加了11%，尤其是在投资种子期，其他行业的交易量均出现下降趋势。美国仍是该领域的主导者，中国、印度和巴西则紧随其后，也在当年最大数额的交易中占有一席之地，英国、以色列和法国的交易量则位列上述4个国家之后［美国农业融资信息平台（Agfunder），2018］。

根据印度软件与服务企业行业协会（2018）的说法，印度政府通过"印度初创企业"项目专门支持农业科技初创公司。2016年，全球累计有350多家农业技术初创公司，总计有3亿美元（约合人民币19.5亿元）的投资，其中印度投资占比达10%。在亚洲，中国有10笔交易量，总计达4.27亿美元（约合人民币27亿元），日本有4笔交易量共筹资达890万美元（约合人民币5 773万元）（AgFunder，2018）。在此期间，对非洲农业科技初创企业的投资超过1 900万美元（约合人民币1.2亿元），年度筹资额迅速增长（图3-31）。2017年的资金总额比2016年增长超121%（Disrupt Africa，2018）。值得注意的是，尼日利亚在2018年成为非洲大陆上主要投资目的地，累计共有58家初创企业。南非以40家初创企业的数量仅次于尼日利亚，肯尼亚则排名第三（Disrupt Africa，2018）。

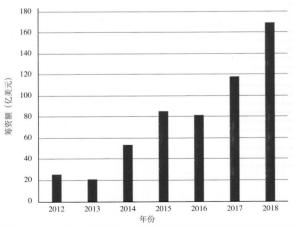

图3-31　2012—2018年农业科技初创企业的年度筹资额
（资料来源：AgFunder，2018）

所有这些初创企业都共同致力于农业和粮食行业的全球前景。投资此类计划是弥合数字鸿沟并增强农村社区和小农户能力的一种方式。这些计划不仅为农民服务，也为农村地区创造就业机会。例如，印度的农业技术初创公司Aibono①是第一个智能农业集体企业，该初创企业通过互联网和人工智能共享服务扭转了散户小农的命运。该公司被视作"农业4.0"的代表，提供由供需实时同步支持的精准农业技术。该公司约有60名员工，到2019年底将进入百强企业之列。在乌干达，名为Ensibuuko②的数字金融普惠平台就是一家由年轻社会公司成长为盈利企业的例子。该企业创造了颠覆性的数字解决方案，使尚未享受到银行服务或者享受服务不足的居民可以轻松获得金融服务。在尼日利亚，低收入农民可以通过社会企业Hello Tractor③用手机测量土壤肥力。如此强大的数字工具应给予更多关注，这样做不仅因为它们能提供广泛的服务，还因为这些工具是由年轻专业人员开发设计的。

3.3.2　数字农业投资

随着数字时代的到来，来自拜耳、陶氏杜邦、巴斯夫等公司的大型融资正在重新定义农业技术投资格局，这些公司注意到数字农业领域农场交货价值已达约3万亿美元，且下游行业估值正成倍增长。目前，巴斯夫公司正在使用脸谱网技术来识别杂草④；嘉吉公司正在瑞士进行一项研究，在容器中用来自巴拉圭称为甜叶菊的一种甜味剂作物酿制饮品；亚马逊已收购有机食品零售商全食超市公司，而谷歌和中国的阿里巴巴则向农民提供建议并为购买食品杂货的消费者提供送货上门服务⑤。反过来，这些公司投资者的普及和多元化也从另一个侧面表明农业技术投资的巨变。随着室内耕作、变革性零售、基因组和微生物技术等争相获取投资，"无资金一方"开始出现焦虑情绪，他们试图吸引资本与"资金富足一方"进行竞争，这一点完全可以理解⑥。

2015年，全球农作物年产值达1.2万亿美元，自下而上的技术驱动增加值估计增长70%，据估计到2050年，在完全实现技术化的前提下，行业产值将达到8 000亿美元。实际价值将取决于竞争环境的发展方式（高盛集团，

---

① http://www.aibono.com/teaser/ or http:// www.aibono.com/teaser/#firstSection.

② https://ensibuuko.com/.

③ www.hellotractor.com/home.

④ www.agricentre.basf.co.uk/agroportal/ uk/en/services_1/mobile_tools/weed_id_ app_3/weed_id_app. html.

⑤ https://www.forbes.com/sites/ baymclaughlin/2018/02/14/this-week- in-china-tech-alibaba-brings-ai-to- pig-farming-and-retail-tech-on-the- rise/#3ba0d72835e1.

⑥ www.forbes.com/sites/ outofasia/2018/01/16/how-the-agtech- investment-boom-will-create-a-wave-of- agriculture-unicorns/#9881fdc562b9.

2016）。通过逐渐引入更先进和更加互通的数字解决方案（如无人机、物联网、机器人、精准农业技术、区块链、人工智能等），实现大数据分析技术推动市场发展。2017年按类别划分的数字农业投资额见图3-32。

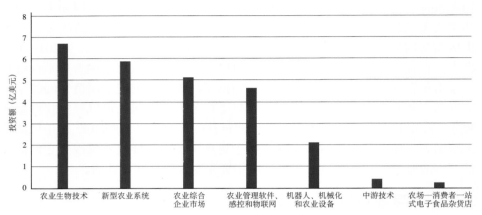

图3-32　2017年按类别划分的数字农业投资额
（资料来源：AgFunder，2017）

　　根据罗兰贝格管理咨询公司（2015）的研究，到2020年全球精准农业市场将增长12%，总市值将超过55亿美元。亚太地区的精准农业市场仍处于技术采用全生命周期的早期阶段（20%），但有望在2016—2022年实现两位数增长（图3-33）。随着国内土壤制图、产量测算、变量投入技术（VRT）及导向和操纵系统等先进农业解决方案的大规模使用，印度、澳大利亚、中国和日本的精准农业市场实现了最高的增长率[1]。物联网解决方案在农业中的应用也在不断增长。美国《商业内幕》杂志旗下研究机构BI Intelligence（2016）预测到2020年农业物联网设备的安装数量将达到7 500万，年增长率达20%[2]。国际数据公司（2019）预测，2019年政府和企业在区块链上的总支出将达29亿美元，同比增长89%，到2022年将达到124亿美元。2020年农业机器人市场规模将达到163亿美元（ReportsnReports,2014）。普华永道（2017）的数据显示，当前全球农业无人机市场价值达324亿美元。以上所有数据的增长主要归因于发展中国家（尤其是中国、印度及亚太地区）加速应用精准农业技术，以及美国、欧洲和澳大利亚对复杂解决方案的采用（欧洲全球导航卫星系统局全球导航卫星系统市场报告，2018）。

　　目前北美是精准农业技术（PA）最先进的地区和"核心地带"，安装率最高，紧随其后的是亚洲和太平洋地区。西欧和东欧各国采用基于精准农业技术

---

　　① 　www.compareresearchreports.com/ precision-farming.

　　② 　www.businessinsider.com/internet-of- things-smart-agriculture-2016-10?IR=T.

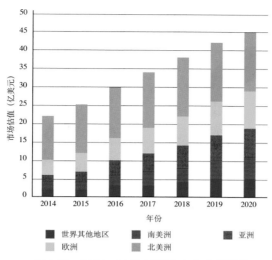

图3-33　2014—2020年精准农业市场估值
（资料来源：罗兰贝格管理咨询公司，2015）
注：市场估算包括软件（如数据管理系统、咨询服务）和硬件
（如自动化和控制系统，例如：导向操纵、显示、流量控制设
备，传感和监控，例如产量监控器、土壤传感器）

解决方案的步伐和成熟度大相径庭。西欧国家PA部门运作比较成熟，在降低
成本和提高效率的驱动下，产量和机械化水平不断得到提升（欧洲全球导航
卫星系统局全球导航卫星系统市场报告，2018）。例如，2016年荷兰65%的
农民在农业生产中采用精准农业技术[①]。PA在英国等国的推广表明，2009—
2012年采用PA的农场比例大幅提升。具体来看，全球导航卫星系统的应用
增幅最大，从14%增至22%，土壤制图从14%增至20%，变量投入技术应
用从13%增至16%，产量测算则从7%上升到11%（欧洲议会，2014）。另
一方面，虽然东欧国家在PA方面起步水平较低，但由于对产量需求的增长，
PA的应用增速较快。图3-34为按成分和技术类型划分的精准农业市场。

　　与高频率应用PA的国家（例如日本、澳大利亚、韩国）相比，东欧和其
他高度发达国家的市场趋势表明，这些国家也高度重视采用新型技术解决方
案，包括无人机、光学传感器和未来的信息通信技术（例如4G和5G），同时
寻求将现有技术集成和整合到农场管理系统中（欧洲全球导航卫星系统局全球
导航卫星系统市场报告，2018）。沃尔特等（2017）观察到，德国、丹麦和瑞
典等中欧和北欧国家越来越多地使用射频识别（RFID）技术。数字化农业中
的另一项技术是机器人技术。机器人技术等先进技术面临的主要障碍是成本，

---

① www.euractiv.com/section/science- policymaking/news/europe-entering-the- era-of-precision-agriculture/.

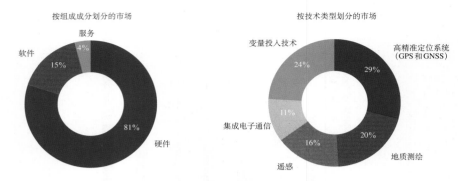

图 3-34 2015年按成分和技术类型划分的精准农业市场
(资料来源:全球市场洞察公司,2018)
注:2015年精准农业市场估值为30.6亿美元。

而且在全球范围内的应用率较低。目前主要用于乳制品行业中的自动挤奶,且主要在发达国家推广,荷兰30%的农场和美国2%的农场采用机器人。

导航系统提供了诸多便利,被欧洲农民广泛接受。系统投资通常低于其他精准农业技术,风险也较低,获得的成果对农民来说更具说服力。过去十年,自动导航系统在美国、澳大利亚和欧洲得到显著发展(Heege,2013)。

农业领域的全球导航卫星系统市场相对较小,预计仅占2012—2022年累计核心收入的1.4%。欧洲全球导航卫星系统局发布的全球导航卫星系统市场报告(2013)表明,精准农业技术在发达国家和发展中国家的使用均在不断增长。自动驾驶和变量投入技术的市场增长速度超过此前预期,能贡献全球导航卫星系统在农业应用收入中的近80%。随着全球导航卫星系统技术在目前普及率不高的中东欧的广泛使用,欧洲市场有望在未来实现增长(欧洲议会,2014)。

通常,精准农业技术需要昂贵的设备。一架无人机的成本至少为1 000美元,一台网络驱动的拖拉机成本约为35万美元。对于每天生活成本不足2美元的农民来说,这些费用高得惊人。许多农民尚未具备贷款能力来购买生产率更高的工具①。由于面临的风险更高以及应对冲击的能力不足,与技术密集型产品(在此情况下为智能手机)相比,小农户更倾向于选择更便宜、回报更低的生产工具。电信运营商确实能在农业领域发挥关键作用,且具有提供更好增值服务的潜力。未来,移动运营商可以提供端到端的物联网服务,更好实现收入增长。从垂直整合、合作伙伴关系和营销以及增值服务等角度来看,到2020年农业领域电信运营商潜在市场总额预计达129亿美元(华为公司,2015)(图3-35)。

① http://endeva.org/blog/precision- agriculture-can-small-farmers-benefit- large-farm-technology.

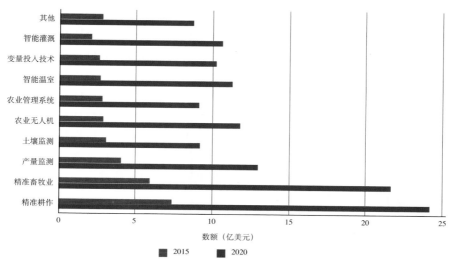

图 3-35　2015—2020 年按移动应用划分的总潜在市场规模
（资料来源：华为公司，2015）

最不发达国家和发展中国家尚且无法实现从信息通信技术到更先进技术的应用转型，对这些国家而言，提供各类农业服务的移动应用程序短期内成为首选。如本书第 3.1.4.1 节所述，与拉丁美洲、加勒比海地区和北美地区相比，非洲、亚洲和太平洋地区以及欧盟的市场总量最大。发展中国家还存在很多尚未开发的市场，农业在很大程度上尚处于无序状态。成功适应这些市场的关键因素是立足当地实际进行生产开发、测试解决方案、开展培训、营造良好的监管环境。强化整合相关要素资源，能确保生产内容和交付方式同时与当地市场和作物类型相匹配，从而优化小农散户的潜在价值。

3.3.3　数字创新生态系统

成功的创新系统通常以活跃型知识经济为特征，其中包括学术、公共部门和企业研发活动以及具有有效商业化特征的创新活动，所有这些都受到灵活的公共政策机制的支持。此外，成功的创新生态体系也需要一种基于互动、对国际机会和变化持接受态度的创新文化（Metcalfe and Ramlogan，2008）。因此，有效的创新生态系统可使企业家、公司、大学、研究组织、投资者和政府机构进行有效的互动，使经济影响和研究创新潜力实现最大化。粮食和农业的未来将取决于农业创新系统为农民提供创新的能力，以解决他们包括改善需求在内的日益多样化和复杂的需求，如提升农场生产力、改善环境性能，以及更好应对气候变化。

对于数字技术，速度和敏捷性是竞争的关键因素。包括快速原型制作和迭代在内的技术极大促进了发展，提升了质量。然而，对于日新月异的新兴技术而言，情况往往并非如此[①]。如前所述，实现可持续农业增长的关键是通过技术、创新以及新型可持续商业模式提升土地、劳力和其他投入要素的使用效率。农业领域要应对未来的挑战，不仅需要通过创新提高将投入转化为产出的效率，也需保护稀缺自然资源并减少浪费（Troell et al.，2014）。数字农业创新利用数字技术来试验、推动和扩展创新性想法，使其在粮食和农业领域发挥巨大作用，将数字解决方案和服务转变为全球公益产品。它旨在探索可靠的应用，采用现有和前沿技术，设计和开拓新服务并利用工具和方法，不断增强农村家庭的能力，并激发青年人在粮食和农业领域的创业精神[②]。

3.3.3.1　数字人才发展

随着数字化转型的发展，工作场所也发生了变革，一个很重要的因素将决定公司能否将数字化转化为自身优势。这一关键因素就是人，即有才能的员工，一方面能利用现有数字技术，另一方面能适应日益变革的方式和方法。没有这些员工，公司很难享受在各类技术进步中获取的收益，诸如工业4.0、机器人、人工智能、数据科学、虚拟现实和新型数字业务模型等技术。数字化人才的需求已经非常迫切，许多大型传统公司需重塑自我以吸引此类人才。随着数字化促进业务变革的深入发展，除了曾经被视为处于领先技术地位的行业，社会经济各行各业都面临招聘数字技能人才的压力。各类公司、行业都需要数字技能人才的补充，其中就包括农业粮食行业。在吸引年轻数字人才方面，农业很难与其他技术密集型行业进行竞争。

类似工业4.0，农业和粮食不能与数字化时代脱钩。如今，这一领域的主力军千禧一代正采用远程信息处理和新技术来提高农场的生产力。尽管配备空调的拖拉机和自动灌溉系统已不是什么新鲜事物，千禧一代正加快实现农业生产活动中的自动化程度。他们带着在大学获得的学位和专业知识进入农业行业，尽力发挥科技的作用。他们是乐于创新、喜欢尝试的一代。因而，为了满足他们的需求，公共和私营部门需要采取合适的措施来创造环境、实现可持续的数字生态系统，以此挽留和培养农业和粮食行业的数字人才。2018年熟练员工雇佣难易度见图3-36。

3.3.3.2　创新冲刺项目

当前多数农业行业部门以及新兴的数字农业部门效率比较低下。随着新型数字工具逐步取代过时的工具，新平台对数字行业的优化，这将对创新的进程产生综合性影响，创新的进程会随之加快（Young，2018）。2017年，世界经济论坛对未来全球粮食系统进行了一系列构想，阐述了未来4种不同的局

---

① https://hbr.org/2018/07/the-industrial-era- ended-and-so-will-the-digital-era.

② www.fao.org/3/CA1158EN/ca1158en.pdf.

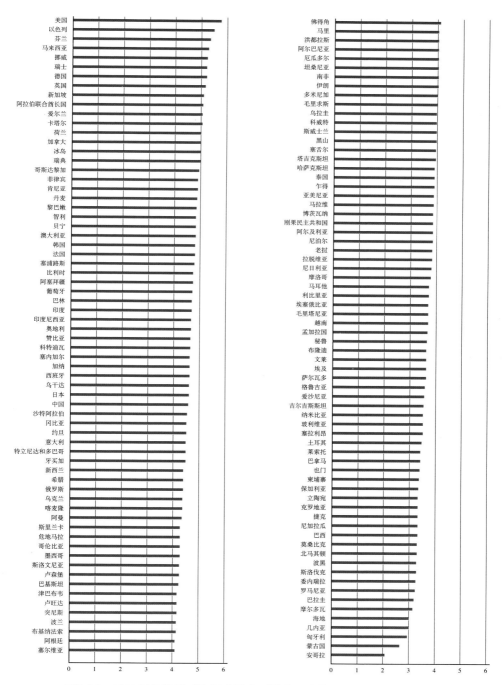

图3-36　2018年熟练员工雇佣难易度（排序，参数1～7，7为最高分）
（资料来源：世界经济论坛，2018）

面，这些局面的出现主要基于消费者需求和市场流通性的一系列变化。这项工作将技术创新视为有助于塑造全球粮食系统的要素之一[①]。

多数国家的政府正抢抓时机利用数字技术和企业家精神来改变当前的社会面貌和就业市场。然而，实现这样一个雄心勃勃的目标需要与本地软件开发人员、会计师、工程师、学生、企业家和其他专家的协作。将青年视为一种资源并依靠青年获得本土知识，有助于开展本土试验，并助力青年农民企业家在公共政策中占有一席之地。在数字农业等复杂的行业中，通过指导和提供融资途径来支持青年农民企业家尤为重要。

首先，公共干预应以创建初创企业为目标，紧接着帮助这些公司发展壮大，从而为地区发展做出贡献。欧盟委员会正通过"欧洲初创企业"这一计划支持开发创新生态系统[②]。这一计划致力于实现欧洲各国的新兴企业、投资者、加速器、企业家、企业网络、大学和媒体之间的互联互通，并串联起欧洲本地的创业生态系统。

到2017年，累计有83万家公司活跃在20个欧洲关键初创企业中心，雇佣员工数超450万人，创造的收入高达4 200亿欧元（欧盟委员会，2017a）。通过数字生态系统所创造的就业岗位给当地带来了经济效益，并将随着初创企业的发展和成长而不断增加。图3-37为2018年创新生态系统。

在非洲，尽管50%的科技中心集中在5个国家（南非、肯尼亚、尼日利亚、埃及和摩洛哥），但在其他非洲国家也至少有1～2个活跃的技术中心。此外，就科技中心而言，非洲部分国家也在不同区域充当"领头羊"的角色：如北部的摩洛哥、突尼斯和埃及，西部的尼日利亚、加纳和塞内加尔，东部的肯尼亚和乌干达，以及南部的南非[③]。

类似分析显示，在南亚及东南亚地区，除印度以外的4个国家（印度尼西亚、巴基斯坦、越南和泰国）坐拥该区域超50%的科技中心。一些规模较小的市场也分布着几个相对活跃的科技中心，如缅甸拥有7个活跃的科技中心。类似的例子还有很多，包括中国香港数码港数字中心、新加坡国有风险投资机构Infocomm Investments（IIPL）及马来西亚全球创新与创造力中心（MaGIC）。

就技术中心的类型和集中度而言，非洲、南亚及东南亚之间都存在差异。即使是在多数南亚和东南亚国家，现有的开源利益攸关方（包括创业活动、科技媒体、联合工作空间、孵化器及风险投资基金）清单也存在差异，这些都很难在非洲国家找到。

---

① www.weforum.org/whitepapers/shaping- the-future-of-global-food-systems-a- scenarios-analysis.

② https://ec.europa.eu/digital-single-market/ en/news/startup-europe-at-web-summit.

③ www.gsma.com/mobilefordevelopment/ blog-2/africa-a-look-at-the-442-active- tech-hubs-of-the-continent/.

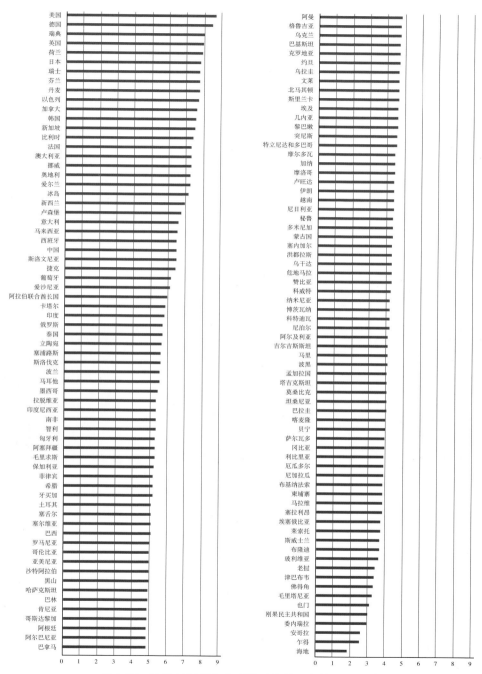

图3-37　2018年创新生态系统（分值，参数0～9）
（资料来源：世界经济论坛，2018）

　　然而，除了缺乏支持，非洲企业家面临的主要问题是资金短缺：87%的项目支持者认为资金非常难获得。借贷人通常需要提供抵押物并支付高额利息才会获得非洲各大银行的放贷。其他资金来源，例如众筹、商业天使投资人、风险资本或种子基金等因只投资其所关注范围或领域的个别项目，资金支持也十分有限。非洲的私人股本往往集中于成长资本，主要为成熟的中小企业所用，而在南非以外几乎不存在专项的种子或风险资本基金①。图3-38为2018年创新公司增长率。

　　目前，公共和私营部门普遍使用"冲刺计划"推进当地初创企业走向成熟。如印度的一批科技孵化器也在支持农业创新，尤其是在印度农村。再比如一家名为"Indigram 实验室"（Indigram Labs）②的技术型企业孵化器计划未来五年孵化百名农科企业家。除了国家层面的组织推进，"冲刺计划"在区域层面也发挥着重要作用。东南欧国家的"数字农业孵化器"（Incubator for Digital Farming）③就是一个典型的例子。这一孵化器具体指的是，阿尔巴尼亚、科索沃［联合国安理会第1244（1999）号决议］及北马其顿的青年学生和初创企

---

　　① https://blog.private-sector-and- development.com/2018/09/24/supporting- digital-innovation-ecosystems-what-role- for-dfis/.

　　② http://indigramlabs.org/.

　　③ www.incubator4digitalfarming.org/.

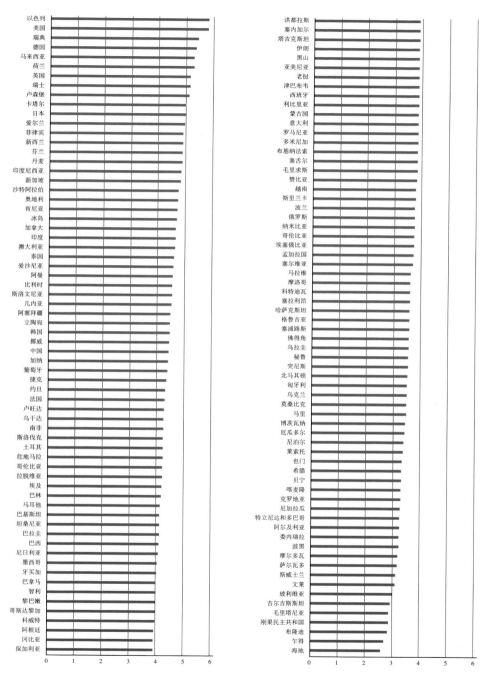

图3-38 2018年创新公司增长率（速度，参数1～7，7为最高分）
（资料来源：世界经济论坛，2018）

业正获得需求驱动及创新型的农业教育、培训和技能发展项目，这些项目旨在推动实现数字化转型，使其产品和服务趋于成熟。

这种人才培育趋势在全球及各大洲层面也有所体现，联合国的部分机构也参与其中。2018年，联合国粮农组织发起了4项青年创新区域挑战竞赛，旨在寻找具有高潜力的数字产品以解决粮食和农业领域面临的挑战以及改善小农和农村家庭生计。例如，在加勒比地区，牙买加、特立尼达和多巴哥与当地大学展开合作；在卢旺达，由24名青年组成8个团队参与该国信息通信技术商会（Rwanda ICT Chamber）[①]与7个非洲国家的合作；在日内瓦，73名企业家、14个团队跨越四大洲推进国际电信联盟（ITU）与日内瓦影响中心（Geneva Impact Hub）[②]的合作；国际机构农业和农村合作技术中心（CTA）及联合国粮农组织、世界银行集团（WBG）等合作伙伴发起的年度冲刺计划——"Pitch-Agri Hack项目"（Pitch-Agri Hack Initiative）[③]，旨在非洲各地创办大批初创企业，使其与潜在合作伙伴非洲开发银行、非洲绿色革命联盟、电信公司、私人投资者等相匹配。截至2018年，约有700名年轻企业家参与了"Pitch-Agri Hack项目"，20个国家的26家信息通信技术研究中心或机构参与了该项目。自项目启动以来，至少已有50万农民和农业利益相关方接受过上述初创企业开发的应用程序提供的服务。此外，参与项目的初创企业已从投资者和合作伙伴处筹集了超过200万欧元（约人民币1 581.72万元）的资金。例如，基于人工智能和机器学习建立的网络和移动电话农业风险管理平台Agripredict[④]，正为超过2.2万名赞比亚农民提供服务；加纳的农贸市场和杂货店在线平台Farmart Limited[⑤]，主要提供新鲜农产品和杂货；免费移动应用程序CropGuard[⑥]，为巴巴多斯的农民和居民提供关于农作物的病虫害防控等相关信息。

由于农业生产系统的复杂性和多样性，解决方案所需的知识内容既宽泛又具体，因此数字农业创新既是知识密集型产业，也是技能密集型产业（van Es 和 Woodard，2017）。推动数字农业创新意味着新技术解决方案需要经历从构思到实施、测试和推广的步骤，并创造机会发扬创业精神、推广新商业模式。如能获得适当支持，数字创新还可以成为实现可持续发展目标的强大催化剂。

---

① https://ictchamber.rw/.

② https://geneva.impacthub.net/.

③ http://pitch-agrihack.info/.

④ www.agripredict.com/.

⑤ www.farmartghana.com/.

⑥ http://cropguard.info/#home.

3.3.3.3　创新合作与研发

在行业层面，我们见证了大型企业的兼并与重组。陶氏化学（Dow）与杜邦（DuPont）、中国化工（ChemChina）与先正达（Syngenta）、拜耳（Bayer）与孟山都（Monsanto）均已或正在进行合并。上述兼并与整合背后的主要推动力之一就是要提高研发效率。如今，这些公司在研发基础设施上投入了等量资金，但创新步伐缓慢，因为公司往往必须等到产品商业化后，才开始推动互补性创新。合并带来了新的机遇，即便保持现有的研发投资水平，公司也将能以更高的成本效益、更快的速度为市场带来更多创新，这样不仅能消除冗余，也能在进行研发的同时实现发展（Young，2018）。

数字技术正将世界变成"地球村"，拉近了跨国公司与当地经济的距离。私营部门与高校是促进商业领袖和寻求数字化转型企业间合作的天然场所，可汇集当地资源，促进当地利益相关方（行业、政策制定者、学术界等）之间的合作。而这些合作也产生了最智慧的数字创新，包括与数字农业相关的创新，极大地提高了对外吸引力（欧盟委员会，2017b）。通过共享研究成果、改善研究机构和产业间的知识转移来促进知识获取是发展创新生态系统的关键。

提高联系外部专家、讲师、学校和（国内和国际）高校的能力可以增加课程数量，吸引更多学生。例如，塞尔维亚的生物感知研究所（BioSense Institute）[1] 正将学科与技术匹配。该研究所致力于多学科、颠覆性和需求驱动的研究，并将研究成果传播至有远见的利益相关方，构建全球生态系统网络。其他研究机构与高校，如美国麻省理工学院和康奈尔大学、荷兰瓦格宁根大学和中国清华大学都在积极开拓这种方法。图3-39为2018年研发领域的产学合作。

对学生和教师来说，普遍存在的互联互通促进了更大范围的合作与创新，助力青年数字农业企业家不断增强农村社区之间的联系，促进农业和粮食行业的发展。无论是线上还是线下，学生的广泛参与能激发教师提供更个性化的反馈和指导，也使授课更有创意、更激动人心[2]。

然而发达国家的学生尚未意识到农业和粮食行业的吸引力。对千禧一代来说，信息技术产业、商业和制造业等仍是其就业首选。目前，多数农业研究者都来自发展中国家，这些国家的农业占主导地位，绝大多数人口生活在农村，其中主要是东非及拉美的国家。

---

① https://biosense.rs/?page_id=6597&lang=en.

② www.timeshighereducation.com/blog/ digital-evolution-new-approach-learning- and-teaching-higher-education.

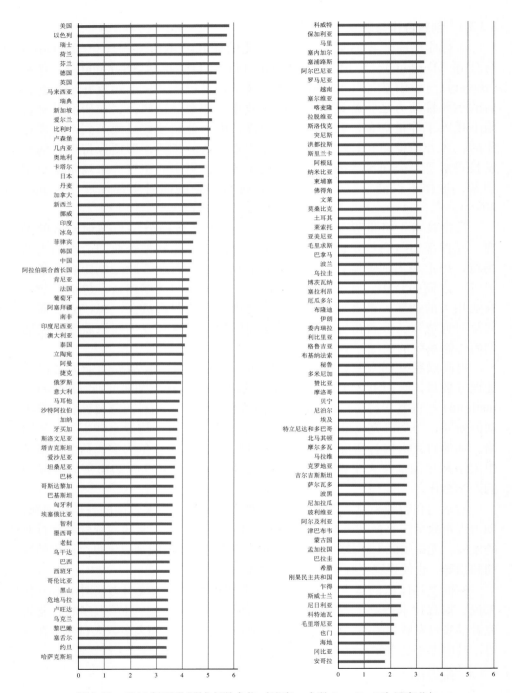

图3-39　2018年研发领域产学合作（速度，参数1～7，7为最高分）
（资料来源：世界经济论坛，2019）

然而，在数字化时代，随着数字技术大规模应用于农业部门，发达国家学生对农业研究的兴趣正日益被重新激发。在英国，农业是2015年各大学中增速最快的学科，在校生人数增长了4.6%，农学专业的学生达1.9万余人。但据Agricultural Appointments公司数据，澳大利亚还需20%的农业相关学位持有者来满足市场需求并确保该国农业安全[①]。2015—2020年，美国每年农业和粮食行业毕业生的岗位空缺高达5.8万个，而美国农业院校每年仅培养约3.5万毕业生，就业岗位和毕业生数量之间的缺口很大。在全球范围内，需要更多的毕业生添补专业农学人才缺口，尤其需要具有数字技术和数字农业知识的专技人才。

为吸引更多学生，让农业研究更具竞争力，并促进数字创新，需要公共和私营部门都给予支持。然而，值得注意的是，多数大学属公立办学且依赖政府支持。因此，无论是公共组织机构还是私营组织机构，公共部门仍然是农业研发资金投入的主要来源。资助机制的类型多种多样，包括公私伙伴关系（PPPs）和"拉动机制"等对研究项目的直接投资以及各种形式的税收优惠政策。企业在研发方面的投资通常受市场需求驱动，但政府也能起到激励作用。其中一些（如研发退税）适用于整体经济，而另一些则针对农业。在许多国家，生产者组织及其他非政府组织也会提供研发资金（经济合作与发展组织，2015b）。

2019年2月，联合国粮农组织发表了一篇关于农业支出的文章。文章称，从2001年开始，各国政府财政支出用于农业的比例不到2%。2001—2017年，亚洲及太平洋地区各国政府在农业方面支出比例最高，2001年为3.85%，2017年为3.03%。紧随其后的是非洲，其比例从2001年（3.66%）到2017年（2.30%）有所下降。发达国家（欧洲和其他发达国家，包括澳大利亚、加拿大、新西兰和美国）的政府分配给农业支出的份额最低，在1%上下波动。图3-40为2012年农业科研支出。

3.3.4 本节小结

当农村的发展成为政府首要任务时，鼓励投资的新方法将不断涌现，这将加强小社区和大中心之间的联系，吸引更多的企业进驻农村。农业和粮食行业的青年人才越来越注重创业，并能在掌握预期风险的前提下开办企业。同时，具有企业家素质的农民数量也在增加。目前，农业粮食产业价值链的数字化不断向前推进，风险投资者希望能借此变革粮食生产和流通形式。尽管欧洲和亚洲已开始推进，但非洲因其庞大的农业基础和消费市场将成为农科财团的最大测试基地。

---

① www.cropscience.bayer.com/en/ stories/2017/new-farming-forces-needed- young-talents-in-agriculture.

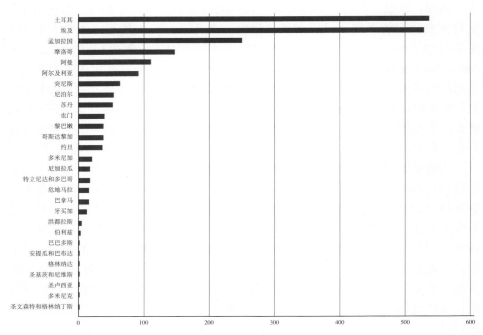

图 3-40　2012 年农业科研支出，按 2011 年购买力平价（美元）
（资料来源：联合国粮农组织统计数据库，2018）

　　尽管数字农企的数量不断增加，数字技术的应用不断普及，但最有效的 ICT（信息和通信技术）解决方案还尚未达到规模，众多企业正努力从初创企业（甚至从应用程序所有者）转型为羽翼丰满的企业。ICT 领域出现了几个技术先进的解决方案从根本上改变市场服务水平低下的成功案例。然而，中小企业或初创企业却鲜有类似成功案例出现。许多公司经营着很有前途的试点项目，但最后却发现大规模实施起来十分复杂。对于相关原因的研究尚不深入，目前涉及低端市场扩展策略的文献资料尚不充分且对企业家开展工作不具有指导意义。

　　企业应通过建立新的数字技能人才库来应对上述挑战。首先，企业需要了解自己所需的潜在员工类型，如何去发掘这类员工，以及如何能吸引并留住这些人才。同时，企业还需要鉴别哪类人才适合在现有员工中去培养。数字人才的挖掘可从两个领域入手：一是为特定工作招聘的新员工，二是对现有员工的数字化培养。

　　教育是推动创新、数字化和社会经济转型的关键因素，建议各国政府多管齐下促进洲际研发和教育创新，包括加大研发资金支持，加强本土研发；与实验室和市民空间等联合创建教育体系、重新设计课程，重视电子化学习工具、提倡"自己动手"，鼓励实践学习，奖励实验研究，允许试错和批判性思维，教授数字、金融基础知识及软件技能等。

最后，基于多年来对错失良机情况的观察总结及对农业社区需求的聆听整理，年轻的数字农业企业家提出了相关解决方案。多数情况下，这些初创企业来自农户社区，他们从祖辈那里获得灵感和动力并寻求帮助。农业部门尚未完全整合运用数字技术，但目前已经看到创新的数字解决方案所带来的影响，其成果正在产生推动效应。年轻的数字农业企业家即将崛起，对于富有创业精神的年轻人，尤其是在农业和粮食领域尚不活跃的企业家来说，数字农业蕴藏着巨大机遇。允许年轻的农业企业家向数字创新初创企业展示其潜在附加价值的时机已经到来。数字农业企业家的投资意向与孵化方案、激励措施及政府和学术界的支持一脉相承，因此他们需要"冲刺项目"和资金支持来打入市场。

第 4 章
数字技术对农业粮食体系的影响
——案例研究证据

　　无论是在获取信息、交易服务、咨询或集成解决方案层面上，还是在局部或整体价值链中，将数字技术纳入农业，其产生的影响对经济、社会、文化和环境领域具有重要意义。然而，融入技术与产生积极影响之间并非有直接关系，因为产生这些积极影响不仅有必要运用技术，还需要与基本条件和推动因素相配套的其他因素，由此技术才能被融入经济、社会和文化之中。所以，数字化过程中存在的最大风险之一（特别是在农业和粮食领域）就是相信仅仅运用或获得一种技术就会取得预期结果。伴随技术应用过程中所观察到的现象之一就是"颠覆定律"（Downes，2009）——技术呈指数级变化，但经济和社会制度仅仅在逐渐变化，跟不上技术。

　　在即将融入新型数字技术的诸多领域，如果用户具备适当的最低条件，比如之前章节所描述的条件（基本条件和推动因素），用户将从中受益，这取决于能否获取互补性产品或服务。但技术推动者（投资者、企业家）的受益情况取决于他们提供互补产品和服务的可能性，而这类产品和服务也属于初级产品和服务的总范畴。初级产品/服务的需求和互补性产品/服务的供应，这两者的相互依存被称作间接网络效应（Varian，Farrell and Shapiro，2004）。因此，了解这种平衡的本质，对于识别新技术的传播途径和设计有效的政策至关重要，这有助于在积极的数字转型过程中推动技术进步。虽然对农业和粮食行业现有技术进行逐案分析是可行的，但这只是一种库存盘点行为，其必要性毋庸置疑，但尚显不足。由此，需要更开阔、更广泛和更整合的视野，来解释不同因素之间是如何进行关联并合而为一的，从而围绕技术应用和数字转型形成良性循环。

　　在改善社会和环境、促进经济增长的过程中，识别潜在机遇，评估数字技术的影响，同时允许小农户和农民企业家创造新价值，这些举措将促进粮食体系迈向数字化成熟的下一阶段。虽然数字农业的益处尚未得到证实，但却遇到了重大挑战，比如软件使用方面的困难、对数据利用方面的担忧、异构和专有数据格式及不明确的投资回报率等。现代农业、先进农业和自给型农业之间的差距正以惊人的速度扩大。尽管发达国家应用数字农业技术的成本大幅下降，但新兴经济体的网络基础设施不仅薄弱且资本有限，这意味着他们远远不能从数字农业革命中获益[①]。根据Pesce等人（2019）的观点，诸如物联网、大数据和人工智能等新技术正通过整合整个价值链不同部分的信息以及通过有效利用符合客户需求的信息输入来促进可追溯性。相同技术的其他用途包括减少生产系统中环境和气候带来的风险，由此减少客户在生产系统中遭受的负面影响。

---

　　① www.ey.com/en_gl/digital/digital- agriculture-data-solutions.

粮食价值链（FVC）由价值链的参与者构成，这些参与者从上游生产或采购产品，为这些产品增加价值，之后将其出售到下游。这些参与者承担4个职能：生产（农业、渔业、森林采伐或农林复合）、聚合、加工和分配（批发和零售）。尤其在发达国家，新兴数字技术正推动粮食价值链各层面的深刻变革，以提高生产力、粮食安全和透明度。为了实现更可持续、更安全、更包容、更灵敏、更气候智能型的粮食价值链，需要确定这些新技术在何地以及如何被具体应用并创造价值（联合国粮农组织，2014）。

本章评论了农业和粮食行业中通过价值链应用的不同类型的数字技术。这一实践并非自恃详尽无遗，而是以描述的方式试图确定这些技术如何在落地之处帮助改善经济、社会、文化和环境。本章在描述技术之外，尝试进行特定案例分析，找到获得成功的促进因素。

4.1 生产

生产是粮食价值链的第一阶段，由不同类型参与者提供农产品所产生的转换过程（输入、进程和输出）组成。这些参与者通过一种管理结构在更广泛的运营环境中相互联系。在粮食价值链的特定阶段，存在参与者的横向联系，例如农民自发组成农业合作社。整个粮食价值链中都存在纵向联系，例如农民签订合同将农产品提供给粮食企业（联合国粮农组织，2014）。

4.1.1 移动设备和社交媒体

移动技术已迅速成为世界上应用最为广泛的数据、声音和各类服务传输方式。第3.1.4.1小节"农业移动应用程序"对现状进行了盘点分析，确定并描述了该技术如何在农业领域得以开发。

今天，在农业领域有数以万计的应用程序可用。大多数应用程序专用于特定领域，但也有应用程序基于平台（生态系统），这些平台有许多相互关联的应用程序（Qiang et al.，2012）。这些应用程序提供信息服务（SMS或更高级的信息）、交易服务和助力决策的咨询服务。但是，移动设备和应用程序在那些连接度低且用户多为小农户群体的地区更为普遍。根据Qiang等（2012）所述观点，这些应用程序通过以下方式为农业发展带来益处：

（1）提供更好的信息获取途径。为生产者提供即时市场信息可以使他们以更高的产品价格售卖。此外，通过获取有关天气、病虫害的准确信息，可以实现更好的风险管理。

（2）提供更好的农业技术推广服务途径。为良好的耕作规范和支持提供正确建议，以提高农作物产量并更准确地评估牧场状况。

（3）提供与市场和分销网络更密切的联系。随着生产者、供应商和购买者之间联系加强，价值链变得更加透明和高效，更不易受中介机构操纵。另外，更好的记账和可追溯性有助于提升效率和加强预测，同时减轻管理负担和减少欺诈行为。

（4）提供更好的融资机会。融资和保险机会以及可替代性的付款方式帮助农民提高农作物产量，使生产多样化并减少经济损失。

针对2008年1月至2017年11月 Web of Science 引用的搜索结果及本文提到的应用程序的网站或开发者链接，对移动应用程序进行了重要评估，发现对"智能手机应用程序"（Eichler Inwood and Dale，2019）的引用量超过了6 100条。这是对该领域中移动应用程序的活跃度和多样化的测试。这些应用程序可单独找到，大多数程序对应特定项目和测试，在市场上能生成有价值的解决方案。同样，在平台上也可以找到这些应用程序，这些应用程序在平台上与其他类型的服务相结合，形成商业或政府解决方案。

越来越多的证据表明信息和数字技术，特别是手机，在许多情况下能助力解决农村地区的经济、社会和环境问题。尽管将农民和购买者联系起来是一个好的开端，但还需要持续的支持来解决农产品物流配送，偏远农村地区尤其如此。

就经济影响而言，有证据表明使用附有价格信息的移动应用程序有助于降低市场价格的失真，提高产量和增加收入。在可可和咖啡市场，手机使用率每增加一单位，价格失真便会降低0.22个百分点（Nsabimana and Amuakwa-Mensah，2018）。在墨西哥，手机的使用对价格失真的总体影响最高，约为0.54个百分点，巴西以大约0.32个百分点紧随其后。手机的使用对埃塞俄比亚和马达加斯加的影响最低，分别为0.14个百分点和0.15个百分点。

在同一领域，相关研究已确定通过广播进行报价的影响（Torero，2013）。例如，获取市场信息可以提高乌干达玉米的农场交货价格（大约提高15%）（Muto and Yamano，2009）。同样，对秘鲁和菲律宾也表现出了较大的影响（Futch and McIntosh，2009），但也有一些案例中没有发现手机使用的影响或影响较小（Muto and Yamano，2009）。以肯尼亚M-Farm农业信息公司为例，Baumüller（2015）发现价格信息可以帮助农民在决定种植什么和什么时候收获等方面更好地规划生产过程。虽然农民们主要是扩大现有作物种植而非种植新作物，但许多农民确实改变了种植模式。有报道称，M-Farm农业信息公司帮助农民获得更高价格，提高了收入，但这项研究的证据还不足以下定论。在印度，有证据表明，手机的使用鼓励了贫穷农民更大程度地参与市场，并提升高价值农作物的多样化（Mittal and Mehar，2012）。这种变化通过提价、减损和增收提高了农业收入。另一个例子是印度塔塔咨询服务公司开发的手机平台mKrishi[1]，该平台通过提供信息获取途径来帮助农民提高产量并与供应链保持联系，使印度农民的利润增幅达到了45%。

农业生产的抗逆性能使农业和粮食业保持足够的生产力和风险敏感性以养活当代和后代人口，因而对实现可持续发展至关重要。在这方面，我们通常采用气候智能型农业——一种最大限度持续提高生产力、增强适应性并减少排放的农业模式。在这一领域中，有一些关于移动应用程序的具体案例，我们可以在以下内容中着重介绍。

（1）在农作物生长、病虫害或歉收以及气候智能型适应能力方面帮助农民。在大多数案例中，移动设备和人工智能算法已得到综合开发。尽管没有对移动应用程序（市场和项目）进行回顾，但我们提出了两个案例。联合国粮农组织已通过运行"秋黏虫监测和早期预警系统"（FAMEWS）应用程序来开展监测、分析和预警活动，提供包括有关粮食安全风险以及农药管理、监测和预警相关的建议，并针对农民和政府推广工作者推出关于如何更好地控制害虫的实用指南[2]。此外，由德国初创公司Progressive Environmental and Agriculture Technologies（PEAT）开发的Plantix[3]利用深度学习从农民上传的农作物图像

---

① www.tcsmkrishi.com/.

② www.fao.org/resilience/news-events/detail/ en/c/1149203/.

③ https://plantix.net/en.

中检测出300多种疾病。除诊断疾病外，自动图像识别应用程序还对上传的图像进行地理标记，以监控整个地区的农作物健康状况。MyIPM应用程序[1]提供能致使桃子、蓝莓、草莓、苹果、梨、樱桃、小红莓和蓝莓染病的数十种昆虫和疾病的信息。

（2）准确及时的、以天气为基础的农业咨询信息有助于就农业投入做出明智决定（Mittal，2016），由此节省灌溉开支并降低其他投入成本，如农药和化肥。女性农民称，农业咨询信息增加了她们对气候智能技术的了解，帮助她们更有效地判断农业投入。天气和作物日历应用程序（联合国粮农组织和世界气象组织）结合了天气预报信息和作物时间表，为潜在风险提供预警。通过提供有关动物疾病控制和饲养策略的信息，治疗和饲养牲畜的应用程序有助于减少损失。

尽管可以找到许多移动应用程序，但鲜有证据证明其使用可能在农业、风险和结果方面产生的影响。这为更大程度的标准化开启了可能性，突出表现在为此类解决方案积累经验和试水推广。

世界各地的青年越来越远离农业。传统上来说，农业需要付出艰苦的体力劳动但薪水却很低，所以并不总能吸引新一代青年，年轻人通常更喜欢在城市里找工作碰运气[2]。移动技术和应用程序为农村地区的年轻一代和两性共同参与农业带来了机会。

在最近的一项研究中，Sekabira和Qaim（2017）得出结论，移动电话技术可以改善农村地区的家庭生活水平、性别平等现状和营养状况，当女性可以使用移动电话时效果尤为明显。女性似乎从移动电话技术中获得了更多的益处。鉴于女性通常在进占市场和获取信息方面受到特别的限制，这一现象似乎也合情合理。因此，有助于降低交易成本并促成新沟通形式的新技术对女性而言尤其有利。女性收入的提高和更好地获取信息对她们在家庭中的谈判地位产生了积极影响，由此也改善了性别平等现状和营养状况。

肯尼亚农业和畜牧业研究组织（KALRO）在2018年[3]推出了14款移动应用程序[4]，旨在帮助农民转移用于提高农业生产力和贸易的技术。这些移动应用程序以鳄梨、香蕉、木薯、玉米、番石榴、豇豆和马铃薯等为目标农作物。该组织将"帮助农民获得真正的信息，而不像传统模式，虽然向农民开放，但传播的是错误信息，导致农民种植了假种子或不适宜的种子"[5]。该组织还将有

---

[1]　https://www.clemson.edu/extension/ peach/commercial/diseases/ myipmsmartphoneappseries.html.

[2]　www.fao.org/fao-stories/article/ en/c/1149534/.

[3]　www.fao.org/3/i9235en/I9235EN.pdf.

[4]　www.kalro.org/mobile-apps.

[5]　https://www.scidev.net/sub-saharan-africa/ agriculture/news/kenya-mobile-apps- transform-agriculture.html.

助于"研究数据民主化并为政策制定提供参考，特别是在改善小农生计政策制定方面尤有帮助"。

据估计，全球生产的所有粮食中有1/3会遭受损失或被浪费。在有近10亿人忍饥挨饿的时代，这是不可接受的。粮食损失和浪费（FLW）等于粮食生产中劳动力、水、能源、土地和其他自然资源的误用[①]。在欧盟的一项研究项目中，REFRESH研究（Vogels et al., 2018）指出，大多数应用程序涵盖了粮食规划和存储，尤其是在农产品有效期方面；其次是涵盖粮食供应、准备和处理方面的应用程序；粮食消耗方面的可用应用程序较少。带有购物清单功能的应用程序和网站只能间接减少食物浪费，但其应用似乎最为普遍。但目前有限的科学研究表明，应用程序可以帮助提高消费者防止食物浪费的意识，但是对食物浪费行为的影响尚未可知（案例1、案例2）。

案例1　作为数字资讯服务的联合国粮农组织移动应用程序在卢旺达和塞内加尔的使用

联合国粮农组织数字矩阵

农业服务应用程序

有这么一组新的应用程序，通过提供天气、牲畜照料、市场和营养等方面的信息为农民提供实时服务。天气和农作物日历应用程序结合了天气预报信息和农作物时间表，对潜在的风险进行预警。通过提供有关动物疾病控制和饲养策略的信息，治疗和饲养牲畜应用程序有助于减少损失。"农业市场"（AgriMarketplace）应用程序使农民能够获得有关原材料供应商、产品销售市场和市场价格的更优质的信息。"电子营养食品"（e-Nutrifood）应用程序为农村居民提供有关生产、保存和食用营养食品的建议。

"秋黏虫监测和早期预警系统"（FAMEWS）应用程序旨在解决美洲、非洲和亚洲地区的玉米和其他重要农作物所遭受的毁灭性虫害问题。只有在农田里的农民才能成功管理秋黏虫，这也是联合国粮农组织开发这类工具收集农民上传农田数据的原因。该应用程序中的新增信息将被转移到基于互联网的全球平台上，经分析后产出实时情况报告，还能计算受灾程度并提出减少灾害的措施。

---

① www.fao.org/food-loss-and-food-waste/ en/.

联合国粮农组织推出的开放数据库WaPOR（water productivity through open access of remotely sensed derived data）对非洲和近东地区的农业水资源生产率进行监测并做出报告，提供水资源生产率数据库及其数千个地表下地图图层的开源访问。该数据库允许直接的数据查询、时间序列分析、区域统计以及水资源和土地生产力评估相关关键变量的数据下载。门户网站和应用程序服务可通过专用的FAO WaPOR API（联合国粮农组织WaPOR应用程序接口）进行直接访问，最终也将通过FAO API（联合国粮农组织应用程序接口）商店得以使用。水资源生产率评估和其他计算密集型的计算由Google Earth Engine（谷歌地球引擎）提供支持。

EMA-i是联合国粮农组织开发的预警应用程序，旨在提升动物卫生工作者在实地发现的牲畜疾病状况报告的质量和实时性。EMA-i已整合到联合国粮农组织的全球动物疾病信息系统（EMPRES-i）之中，世界各国在该系统中可安全存储和使用数据。EMA-i很容易适应世界各国现有的牲畜疾病报告系统。EMA-i支持以国家为单位的监测和实时报告，能够改善利益相关者间的沟通状况，因而有助于增强对严重威胁粮食安全和生计的动物疾病的预警和响应。目前，非洲有6个国家（科特迪瓦、加纳、几内亚、莱索托、坦桑尼亚和津巴布韦）在使用EMA-i。

Collect Earth（收集地球）是一种可通过Google Earth（谷歌地球）来收集数据的工具。结合Google Earth、Bing Maps（必应地图）和Google Earth Engine（谷歌地球引擎），高分辨率和超高分辨率卫星图像分析用途广泛，包括：①支持多阶段国家森林资源清查；②土地利用、土地利用变化和林业（LULUCF）的评估；③农业用地和城市用地监测；④现有地图验证；⑤空间显式社会经济数据收集；⑥森林开伐、重新造林和荒漠化状况量化。该工具所具有的用户友好性和顺畅的学习曲线使其成为快速、准确、高效益的理想评估工具。它可以针对特定的数据收集需求和方法进行深度定制。

资料来源：www.fao.org。

M-Pesa

移动钱包

M-Pesa于2007年推出，至今仍保持强劲势头。基于电话汇款服务的概念可以追溯到2002年，当时研究人员意识到了电话通话时间市场的受欢迎程度，在少数非洲国家，人们通常将通话时间转移给朋友和家人以供以后使用或转售。研究人员将研究成果提供给一家电信供应商，该供应商成为了第一家对通话时间转让进行授权的公司。这为当时尚不存在的M-Pesa铺就了道路。

沃达丰（Vodafone）通过其本地运营商Safaricom成为项目合作伙伴，并推出了M-Pesa服务。2013年，大约有1 600万人拥有M-Pesa账户。此后，M-Pesa将业务扩展到了阿富汗、南非、印度、罗马尼亚和阿尔巴尼亚。M-Pesa在其整个全球网络上处理的付款比西联汇款还要多。

M-Pesa的概念很简单。用户向40 000个M-Pesa代理商（通常在小型商店中经营）中的一家付款，然后这些代理商在Safaricom网络上出售通话时间。可以通过使用另一家代理商进行提款，并且该系统还可以通过电话上的简单菜单按钮向其他人汇款。在人道主义危机情况下寻找食品分配替代方案的援助机构也越来越多地使用这种移动钱包。通过建立运营M-Pesa的移动电话网络，就有可能分配和控制现金流，使用者可以自行购买而无须依赖援助车队。

M-Pesa案例中的几个方面值得进行创新研究。首先，它很好地展示了创新传播的社会维度。像许多非洲社会一样，肯尼亚也高度依赖人际关系，口耳相传是观点传播的关键途径。在M-Pesa的案例中，这有助于建立网络效应。基本而言，如果没有大量人员连接到该系统，它就不会有太多优势。连接越多，该系统就越有吸引力。在M-Pesa的案例中，这一"临界点"很早就达到了，随后的广泛连接性使其他服务得以添加，从而增加了价值并吸引了更多手机用户进入网络。这种网络效应不局限于通话本身，而是扩展到了能够提供电话服务的零售商店网络之中，从而使人们可以进行存款和收款活动。

资料来源：www.mpesa.in/portal/。

这些工具对于推动可持续发展目标的有效性尚不清楚。但我们仍然需要这样的应用程序帮助农民、农业技术推广员和其他农业参与者获得必要的信息，这些信息能够影响农场管理的决策方式和可持续性。这样的应用程序应能利用GPS信息、辅以GIS资源、通用物联网传感器、自愿上传的地理信息、众包数据、知识交流和同行互动的社交网络等工具，从而对云端信息进行筛选（Eichler Inwood and Dale，2019）。

移动应用面临诸多挑战，例如缺乏移动友好型和本地相关性的数字内容（Torero，2013）、农村移动基础设施的限制（连接性、网络和信号、电力问题）、与收益相关的可负担能力、数字素养以及数量庞大的当地语言。由于大多数应用程序与项目和研究相关，无法扩大规模，难以可持续地发挥作用和精确定位。将市场上最有吸引力的应用程序集成到平台后，这一问题会得到解决，从而向农民提供广泛服务。

4.1.2　精准农业和物联网技术

精准农业（PA）是农业领域中最著名的物联网（IoT）应用之一，世界上很多组织都在使用这一技术。精准农业通过远程传感器连接的全球卫星导航系统（GNSS）、变量投入技术（VRT）和无人机等技术来测量空间变异性，传送农场状况，规划灌溉和收获，从而在很大程度上消除了人为干预（图4-1）。在基于物联网的精准农业中，传感器的数据可以通过本地服务器或云分享给利益相关者，这取决于通信网络和互联网连接的可靠性。这些数据可通过智能手机获取，用户友好型应用程序能以简单清晰的方式呈现数据。

精准农业根据农田每个未知的实际需求，使用变量投入（灌溉、肥料、农药等）。这样一来，效率得以提高，产量、质量和对环境的影响得以优化。

4.1.2.1　导航系统（GNSS和RTK）

导航系统构成了精准农业的通用型支柱技术。这些系统可广泛用于各种设备（如拖拉机、联合收割机、喷雾器、播种机等），并可作为不同农业应用的一部分。导航系统在全球卫星导航系统的支持下聚焦于设备的精确定位和移动，设备由此变得很智能，以至于驾驶员几乎无须操作就可以从A点到达B点。在使用转向系统穿越这些直线的同时，设备还可以耕作、播种、施肥和喷洒杀虫剂。即使是经验最丰富的的驾驶人员也可能犯错，但自动驾驶可以排除人为失误，这使得在农田劳作的农民受益匪浅。

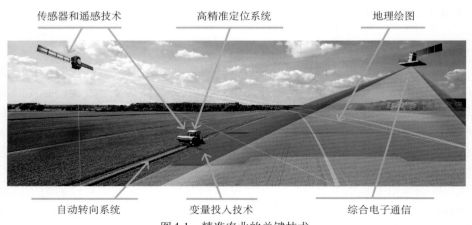

图4-1　精准农业的关键技术
（资料来源：Dryancour，2017）

导航系统最常用于拖拉机。联合收割机也会装上导航系统，以保持设备精确性。尽管这一系统不是新拖拉机的标配，但大多数拖拉机都适用于导航系统，这需要在具有所需空间分辨率等级的GPS接收器上进行额外投资。导航系统可实现自动转向、机器在植物行垄间的精准移动、精准条播和播种、精准喷雾和机械除草。

采用精准农业技术自然会增加机器和设备方面的支出，因为这些技术是资本密集型的。机械还具有较高的成本基础（与人工成本相比），更有可能影响运营开支。通过提高农田劳作效率得到经济回报对于农民决定是否使用导航系统非常重要，但除此以外导航系统还可以为农民带来许多其他好处。

导航系统可日夜运作，即便在可见度很低的情况下，也可以进行更快、更安全和更准确的田间操作。这使用户可以在方便之时进入农田，或在传统导航不允许的光线和天气条件下进行工作。由于导航系统可自行运行，操作人员因此可以关注其他重要工作，例如农作物状况、监控反馈、农具状况和农田障碍物排除等。校正出现故障的农具本身可以提高自动转向设备的投资回报。

导航系统旨在将农具效率最大化，也就意味着更快完成工作。很明显，农具运作的时间越少，所使用的燃料就越少。燃料费用只是导航系统成本消耗的一种方式。降低投入成本是农民省钱的另一种方式。因为工作效率更高、工作速度更快，农民在种子和劳作上花费就更少。一个季度下来，少花费的时间或多节省的种子算下来节省的成本相当可观。

尽管这项技术早在20世纪90年代初期就引入了，但全球范围内还没有针对导航系统对农业影响的重大研究。迄今为止，只有单独研究案例（主要是在美国和欧洲）用以衡量在农田使用导航系统的影响。其中一个例子是Shockley等（2011）所做的研究，他们做了一个商业性质的肯塔基玉米和大豆免耕农场模型，并在种植和施肥过程中使用了导航系统。结果，在种子、肥料和拖拉机燃料方面分别节省了约2.4%、2.2%和10.4%的成本，同时又减少了温室气体的排放。通过将农田劳作人员的工作时间减少6.04%，燃料消耗减少6.32%（Bora，Nowatzki and Roberts，2012），诸如灯条和自动转向这样的导航系统可使农作物种植者获益。对阿拉巴马州在2005—2007年生长季节的一项研究表明，在收割花生的作业中使用自动转向技术产生的平均净收益每公顷在83 ~ 612欧元（Ortiz et al.，2013）。对使用导航系统的农场进行的经济分析表明，误差不超过2.5厘米的导航系统对大型农场来说最能盈利，而误差不超过10厘米的导航系统对较小农场来说则是更好的经济选择（Bergtold，Raper and Schwab，2009）（案例3）。

案例3　在美国农作物和大豆农场中使用自动转向系统

在美国中西部进行的实验

　　普渡大学（Purdue University）农业经济学家主要目标是证实在中西部地区行间作物中使用导航系统能获得回报。Jess Lowenberg-Deboer和研究生Matt Watson设计了一项研究，在玉米大豆轮流种植比例各为50%的1 800英亩农场上，评估和比较不使用导航系统与使用人工灯条导航、基于差分全球定位系统（DGPS）的导航及更精准的基于载波相位差分技术（RTK）的转向系统的经济影响。

　　使用12行播种机，对每个系统的以下性能进行评估：提高田间效率、减少跳播和重播、增加工作时长以及使用技术来控制交通模式（例如跳过行垄以提高效率）。

　　结果令人吃惊：人工导航使田间作业速度提高了13%，而DGPS和RTK系统则使田间作业速度提高了20%。人工导航使田间作业的平均时间减少了11%，而使用DGPS和RTK系统则减少了17%。

　　通过数学运算，普渡大学发现在给定的时间框架内使用同样的12行播种机，在使用人工灯条导航的情况下可以多处理800英亩，而使用GPS和RTK转向系统则可以多处理1 300英亩。最后也是最重要的一点是使用GPS转向系统预计能使农民年净利润增加9 700美元，而使用更昂贵、精度更高的RTK转向系统，每年将增收4 500美元。

　　资料来源：www.precisionag.com/in-field-technologies/guidance/automatic-steering-precision-agricultures-killer-app/。

　　据估计，在英国，面积为500公顷的农场上使用导航系统能获得至少2.2欧元/公顷的经济效益（Knight，Miller and Orson，2009）。如果采用其他更为复杂的系统，经济效益会更高，例如，使用控制交通耕作技术（CTF）（增加2%～5%）将为冬小麦种植带来18～45欧元/公顷的额外回报。在德国，以冬小麦为例，节省投入的经济收益估计为27欧元/公顷。综合考虑所需投资、成本节省和产量提升[①]等因素，使用控制交通耕作技术通常会产生57～115欧元/公顷的额外利润。采用全球卫星导航系统可从节省投入中带来高达28欧元/公顷的经济利益（Shockley et al.，2012）。如果已安装了导航系统，则自动分段控制技术所带来的经济利益将更高。对于种植间隔狭窄的农作物，使用控制交通耕作技术可减少10%～15%的肥料量和25%的施药量。通过减少能量投入、促进零耕种和提高肥料利用率，Tullberg（2016）直接和间接分析了控制交通耕作技术对温室气体排放的影响。首先，他指出与传统耕种相比，在使用非控制交通零耕种和控制交通零耕种的情况下，拖拉机所需燃油分别减少了40%和70%。Horsch公司（Balafoutis et al.，2017）指出使用控制交通耕作技术种植作物所用燃料至少减少了35%，而Jensen等（2012）估计，由于谷物的重播减少，燃料成本有可能降低25%～27%。

---

　　① 　www.controlledtrafficfarming.com/ WhatIs/Benefits-Of-CTF.aspx.

尽管导航系统的经济影响显而易见，但由于价格昂贵，并非所有农民都能负担得起。农民最常提及的导航系统劣势是前期成本。精确性不同，导航系统的成本也不同。如果农民已经拥有全球卫星导航系统，则起始费用为1 320欧元。需要系统将所有操作（针对不同客户）的记录与完整导航功能结合在一起的商用喷药器成本可超12 770欧元（Grisso et al., 2009）。在大多数农民每天收入不足2美元且种植面积不到2公顷的那些国家，这些技术无法使农民盈利。变量投入技术（VRT）可以与企业提供的农业无人机（UAV）应用服务相结合，减轻农民负担，从而降低成本，让小农也能够使用此类服务。

4.1.2.2 变量投入技术

精准农业中的变量投入技术是聚焦于将材料自动应用于特定地貌的技术。材料包括肥料、化学制品、种子和水，其使用方式以无人机、卫星、人工智能、物联网和高光谱成像技术等所收集的数据为基础，旨在使农作物产量最大化。精准农业中变量投入技术的使用具有多种形式。VRI指的是精准灌溉，VRS指的是精准播种，VRNA指的是精准施用氮肥，VRPA指的是精准施用农药。无论使用哪种变量投入技术，理解该技术的一般应用方式都至关重要。

配备变量投入技术功能的农具，其资本成本相当高，尤其是在必须废弃集成了喷雾器或播种装置的专用机械的情况下。因此，许多生产者，特别是小农，在使用变量投入技术时会选择雇用服务提供商。随着物联网的迅速发展和灌溉设备价格的下降，对小农而言更可行的选择是精准灌溉（VRI），这样在灌溉地形或土壤状况不一的农田时便可实现利润最大化，并提高作物产量和水资源利用效率（案例4）。

变量投入技术有助于农业生产过程的自动化。农场作业中引入越多自动化技术和精准技术，产量和效率便更高，节省的开支也就越多。在发达国家，多个不同来源、基于项目的大型农场展现了变量投入技术带来的各种经济效益。

案例4　基于联合国粮农组织方法论的智能灌溉系统在希腊的应用

IRMA_SYS

IRMA_SYS在阿尔塔平原（希腊伊庇鲁斯大区）得以实施。该项目主要目标在于利用集成化物联网系统向农民提供有关灌溉管理的建议，以优化水和能源的使用并节省劳动力。更准确地说，IRMA_SYS使用信息通信技术（ICT）收集、存储和处理来自点源（农业气象站）的必要数据，并将其转化为覆盖大面积地区的地图。如此一来，可为所覆盖地区内的每个点提供基本的天气数据和参考作物蒸散量。相关信息再结合用户提供的农田和灌溉信息，便能向农民提供灌溉管理建议。IRMA_SYS覆盖了希腊阿尔塔平原2万公顷面积的农田，使用来自6个农业气象台站的实时（平均10分钟）数据。这些农业气象站是在经过研究后特意设置在特定地区内的。这些实时数据通过VHF（甚高频技术）和GPRS（通用分组无线业务技术）发送到与IRMA_SYS系统服务器连接的通信中心。所有这些信息以及有关灌溉活动（由用户提供）和天气预报的数据 [由雅典国家天文

台提供（以6.5千米×6.5千米的网格为基础）] 用来预估每小时和每天灌溉所需的用水量。联合国粮农组织Penman-Monteith方法的修改在这一软件中使用，所有软件的开发都是开源的，并支持希腊语和英语两种语言。

IRMA_SYS引导了在灌溉框架下关于合理用水的建设意识，用户理解灌溉系统基本情况（流量、均匀性等）、每种土壤类型的储水能力和实际作物需水量的重要性。使用该系统可节约用水（对于高耗水农作物而言更重要，例如，橄榄节水5%、柑橘节水15%、奇异果节水至少为30%）及相应的能源和劳动力。例如，奇异果在阿尔塔（Arta）的种植占地1 200公顷，每年需要60万米^{3}的灌溉用水。而IRMA_SYS能够在种植奇异果上节约30%的用水，相当于每年节约20万米^{3}水。此外，在应用IRMA_SYS系统的地区，灌溉水管理组织可以记录在同一地区管理下其他参与式系统中的水资源分配决策。

IRMA_SYS的安装成本（不在单块农田安装IRMA_SYS）为每公顷5～20欧元，这取决于地形、地区内农作物的数量以及能否使用农业气象站和背景信息（如土壤地图等）。每年的维护成本必须具体情况具体分析，但就成本而言，以阿尔塔平原（阿尔塔平原20 000公顷的土地上已经安装了这一系统）为例，每年的维护成本为60 000欧元。IRMA_SYS系统不需要在农田中使用任何硬件。在对每个田地进行设置之后，用户仅需一部手机或一台计算机即可输入灌溉活动数据并获得灌溉建议。因此，对RMA_SYS系统感兴趣的人都可使用，这也显示了这一系统的社会公平性。

资料来源：http://irmasys.eu/。

大多数情况下，使用精准灌溉会对环境产生积极影响。精准灌溉对减少温室气体排放所做的贡献在于减少了用水，从而降低所需的泵送能源，也在于制订合适灌溉计划，避免土壤水分过多影响一氧化二氮（N$_2$O）的排放。利用计算机模拟对常规的和"优化"高级的定点区域分别施以中心枢轴灌溉控制，最高节水量达26%（Evans et al.，2013）。

精准灌溉可减少8%～20%的灌溉用水（Sadler et al.，2005）。La Rua和Evans（2012）研究中心枢轴速度控制后确定，灌溉效率（种植农作物的实际灌溉用水量与从水源转移的水量之间的比率）可以提高5%以上。若将速度控制与区域控制相结合，灌溉效率可进一步提升至14%。HydroSense项目（HydroSense，2013）在希腊3块棉花种植试验田中应用了精准灌溉，结果表明种植棉花使用的水量节省了5%～34%。Lambert和Lowenberg-DeBoer（2000）在报告中指出使用精准灌溉可以提高玉米产量和用水效率所带来的经济利益。但是，这些经济效益尚未量化。如上所述，精准灌溉会增加农场的运营成本，但是安装这一系统会有其他优势，例如可能增加产量、减少工作量、减少用水量甚至节省农药施用量，在气候不利于农作物生长的年份（如大旱）优势更为明显（Booker et al.，2015；Evans and King，2012）（案例5）。

改善干旱地区的用水

西班牙电信和联合国粮农组织

物联网的应用将日常物品与互联网和农业领域进行数字互联，旨在优化流程并更有效地利用自然资源。联合国粮农组织和西班牙电信正在萨尔瓦多和哥伦比亚两国的农业社区开展提升水使用效率试点项目，通过联合使用专用硬件、云存储和数据处理来得出结论和建议，从而助力农民在高效使用灌溉用水方面的决策。

先行启动的4个项目已于9月开始实施，涉及萨尔瓦多不同地区的黄瓜、甜椒、木瓜和番茄种植。随后，在10月，还将在秘鲁进行两个棉花试点项目，在哥伦比亚开展一个马铃薯试点项目。最后，在11月，联合国粮农组织和西班牙电信将在哥伦比亚启动针对鳄梨和大蕉的项目。

试点至少要运行到2019年底，这样才能进行年度结果的比较，尽管有些农作物一年可以重复两次或以上的试验。联合国粮农组织与西班牙电信的合作伙伴关系贯穿2021年的第一阶段。西班牙电信称其智利研发中心开发的人工智能技术能节省20%的灌溉用水和用电。

资料来源：https://www.bnamericas.com/en/news/ict/telefonica-and-fao-launch-latam-water-efficiency-pilots。

Trost 等人（2013）在回顾研究中比较了灌溉农田和非灌溉农田的一氧化二氮（N_2O）排放，在大多数案例研究中，灌溉农田的一氧化二氮（N_2O）排放更高（高出约50%～140%）。这表明精准灌溉可能对灌溉土壤的一氧化二氮排放有重大影响。精准灌溉系统可以结合气象预测模型和施肥安排而有助于制订灌溉计划，保持土壤水分，以避免一氧化二氮排放导致的温室气体排放增多。

与均匀播种相比，冬小麦的精准播种（VRS）可以使产量提高3%[①]。另一项研究表明，除了条播所获收益外，使用精准播种的农民的冬小麦平均产量额外提高了4.6%。四年研究（2011—2014）冬小麦平均增收达6.45%（欧洲议会，2014）。使用精准播种[②]可使玉米产量提高6%。

[①]　www.decisivefarming.com/variable-rate- seeding-benefits.

[②]　www.agphd.com/ag-phd- newsletter/2014/03/21/variable-rate- variety-planting-in-wheat-and-soybeans/.

多位学者分析了精准施用氮肥（VRNA）对农场生产力和经济的影响。Tekin（2010）估计，精准施用氮肥可使小麦产量提高1%～10%，节省氮肥4%～37%。Mamo等人（2003）在美国明尼苏达州玉米与大豆轮播的田中进行了为期3年（分别为1995年、1997年和1999年）的试验，结果发现，与均匀施肥相比，使用精准施用氮肥技术能减少肥料使用，使每公顷玉米利润增加7～20.25欧元。

农药节省量的多少涉及重大利益，据报道，在不同的耕作类型中除草剂的节省量在11%～90%之间（Timmermann et al.，2003；Gerhards et al.，1999）。其他文件则记录了多年生作物的农药使用量减少了28%～70%（Solanelles et al.，2006；Chen et al.，2013）。精准施用氮肥还可以使冬小麦的杀虫剂使用量减少13.4%（Dammer and Adamek，2012），而大幅减少农药喷雾的重复施用会影响农药使用总量（Batte and Ehsani，2006）。有关文献表明，大量减少农药的使用对环境具有重要意义，但是就减少温室气体而言，这项技术对农业整体效应的帮助很小（案例6）。

案例6　澳大利亚对种子和肥料使用变量投入技术

澳大利亚南澳州研究开发院（SARDI）从2008年开始对南澳大利亚的低雨量地区Minnipa进行了为期四年的试验，试验发现根据土壤类型进行差异化投入可以带来好的结果，但差异化程度与季节有关。在农田划分出多条9米的狭长地块分低、中、高投入量进行差异化播种施肥。低投入量包括55千克/公顷的种子，但不投入磷酸二铵（DAP）和叶面氮肥。标准投入包括65千克/公顷的种子、每公顷40千克磷酸二铵，但不投入叶面氮肥。高投入包括65千克/公顷种子、60千克/公顷磷酸二铵和10千克/公顷的叶面氮肥。结合产量、EM38和主视图，将农田地块分为优等、中等、差等3个生产等级。

无论投入处理如何，差等田块的粮食产量都比中等和优等田块产量低。2010年，中等田块粮食蛋白质水平高于优等或差等，但3年总的粮食质量未显示出差异。为评估在上述3个生产等级的田块使用变量投入是否能比使用低、中、高固定量投入产生更多利润，使用了毛利率分析法，将两种变量投入方法["追求黄金"（Go for Gold）和"持有黄金"（Hold the Gold）]与固定量投入方法（高、标准、低）的毛利润进行了比较。

"追求黄金"方法旨在通过对产量潜力较低农田减少投入、对产量潜力较高农田增加投入来提高整体盈利能力。"持有黄金"这一低风险方法则对优等地块保持标准水平的投入，对中低等级地块投入较低。2010年，"持有黄金"产生的毛利率高于3种固定量投入方法（高、标准、低）的毛利率。低固定量投入方法是固定量投入方法中利润最高的，为631美元/公顷，略高于标准固定量投入方法（630美元/公顷）和高固定量投入方法（613美元/公顷）。该试验表明，在雨量少的地区，变量投入技术可以帮助农民将风险最小化，并从低土壤质量农田的养分储备中获利，同时也适用于土壤质量差异较小的农田。

资料来源：https://grdc.com.au/__data/assets/pdf_file/0026/207791/grdc-fs-variablerate-application.pdf.pdf。

总而言之，在小农农场中，变量投入技术能够优化包括种子、水、肥料和农药在内的所有农业投入，因而最节省成本。导航系统可以辅助变量投入技术，该系统本身也有益于农作物生产[1]。小农农场已经可以使用一些可负担得起的精准农业技术，这得益于智能手机或平板电脑及相关应用程序的诞生。此类应用程序可以独立发现农场的问题或连接到在线服务进一步排查问题（案例7）。

案例7　精准农业在肯尼亚小农农场的应用

精准农业使肯尼亚粮食增产60%

在撒哈拉以南非洲最贫瘠的土壤上，肯尼亚前西部和东非大裂谷省份的2万多小农种植的高粱和其他谷物实现了60%以上的产量增收。这一过程包含在播种时将少量且可负担得起的肥料与种子一起施用，或在种子发芽后3～4周将化肥作为填补新土来施用，这被称为精确耕种或微量施肥。这确保了娇嫩作物彻底将肥料吸收，这与撒肥形成鲜明对比，撒肥意味着许多农作物争夺所撒肥料。微量施肥并非要求农民使产量或利润最大化，而是让农民从少量初始投资（初始投资可能随着时间而增长）中获得最大的回报，从而扭亏为盈。利用微量施肥的农民在播种时将6克剂量的肥料（大约一满瓶盖或三指捏一撮的量）置于放种子的孔中。

根据国际半干旱热带作物研究所（ICRISAT）的数据，这个量等于每2.5英亩土地约施67磅[2]肥料。该研究所称，使用这种技术为小麦施肥的投入量仅约为通常用量的1/10。肯尼亚的农作物非常缺乏营养元素，例如氮、磷、钾元素，以至于即使微量施肥也经常使农作物产量翻倍。在应用微量施肥的同时，肯尼亚各地区农民也采用创新技术来施用微量的适当肥料。东非大裂谷地区的农民使用空的饮料瓶盖或啤酒瓶盖进行计量施肥，而肯尼亚中部地区的农民则用三指捏的方法在播种种子的同一孔中进行计量施肥。

资料来源：http://agroinnovation.kenyayearbook.co.ke/precision-farming-increases-yields-by-60-percent/。

关于氮肥变量投入的好处，经过10年的经济和统计分析，一些研究称，基于传感器的施肥在统计学上没有重大经济优势（Boyer et al.，2011）。这一结论与早期的观察结果是一致的（Liu et al.，2006），早期观察所计算的利润低于8欧元/公顷，这一利润水平甚至支付不了应用程序的费用。丹麦的研究表明，就高产区和低产区而言，基于传感器的肥料再分配并未产生经济影响（Oleson et al.，2004）。变量投入氮肥产生收益较低的原因可能是，围绕经济最优值的利润函数变化斜率（Pannell，2006），也许是因为氮肥的施用已接近最优化，因此变量投入仅具有边际效应。这并不是对所有生长条件下所有农作物的有效结论，因为精确施肥的经济利润随着肥料和农作物价格的上涨而增加

---

① www.nationalgeographic.com/ environment/future-of-food/food-future- precision-agriculture/.

② 磅为英制重量单位，1磅≈0.45千克。——编者注

(Biermacher et al.，2009)，这一点已经被证明。

因此，精准农业技术的运用不仅与足够的技术有关，而且与以下一系列因素相关：基础设施（接入网络和技术）的可用性和难点，文化、年龄和经济上的激励措施。当然，掌握新技术的知识对在创新和研究上持续投资以开发越来越精确的、充足的和可持续的技术很重要，但同样重要的是加大监管和政策框架力度以改善农村地区的基础设施条件和更好地获得信贷。农业相关部门也需加强努力创造必要技能和知识。所有这些要素必须并驾齐驱，以便以最广泛和最佳的方式进行下一次农业革命。

4.1.2.3 精准畜牧业技术

精准畜牧业（PLF）支持对牲畜的生产、健康和保障进行实时监控，以保证最佳产量。使用先进技术可以进行持续监控，并能帮助农民做出决策以确保牲畜健康。农民可以使用无线物联网应用程序收集有关牲畜的位置、保障和健康状况的数据。这些信息有助于他们识别生病的牲畜，以便将它们与畜群分开，从而预防疾病的传播。

牲畜物联网不仅包括牲畜气候监测和控制，在一些案例中还包括针对最佳喂养做法的现场监测（Bhargava，Ivanov and Donnelly，2015）。牲畜识别和追溯系统（LITS）可以跟踪牲畜的移动。射频识别技术（RFID）是牲畜识别和追溯系统的一个要素（可见要素）。RFID是牲畜识别和追溯系统中最常见的物联网技术。充当增强型条形码作用的RFID标签可以跟踪牲畜。根据物联网的范式，最新研究已结合多个传感器来丰富有关牲畜状况的信息，无论其RFID标签何时进行记录（Maksimovic，Vujovic and Omanovic-Miklicanin，2015）。

RFID不仅限于识别牲畜，通过对积极识别标签添加传感器，可以将其用于检测体温和瘤胃变量。迄今为止，识别牲畜的健康问题通常仅限于视觉上可见的症状。一旦发现任何症状，便可以使用直肠温度计测定牲畜的体温，这也减少了对健康牲畜的干扰。使用RFID可以远程检测牲畜的体温，并且可以在任何疾病症状出现之前识别患病牲畜。牧场主可以借助基于物联网的传感器对牲畜进行定位，因此RFID还可以降低劳动力成本。因此，该技术具有提高牲畜管理效率的潜力（Dye et al.，2007）。RFID的主要应用限制是当前用于动物识别的低频RFID，从而限制了读取距离。这意味着不能远距离激活应答器。因为在室内和"隐藏"区域使用GPS系统会遇到困难（Bekkali，Sanson and Matsumoto，2007），RFID在识别和跟踪牲畜方面才被推到了最前沿（Farid，Nordin and Ismail，2013；Gu，Lo and Niemegeers，2009）。澳大利亚、加拿大、日本和许多其他发达国家已经建立了基于RFID的系统来监测和识别牲畜和畜牧产品。即使在发达国家，塑料标签仍广泛用于牛和小反刍动物。RFID的使用（和成本效益）取决于读取（即用于运行性能记录和畜群管理）的目标和数量（案例8）。

案例8　对巴基斯坦牛群使用RFID

Cowlar项圈

Cowlar项圈是一种对牛使用的可穿戴设备，旨在帮助农民更便利地跟踪牛的健康状况、生育能力、位置和整体活动。

尽管巴基斯坦是世界上主要的牛奶生产国之一，但巴基斯坦每头奶牛平均产奶量仍远低于其他国家。Cowlar的创立者是巴基斯坦首都伊斯兰堡的一家初创企业，他们相信，通过使每个农民的牛群生产效率提高5%，可以为巴基斯坦的经济收入增加超过10亿美元。Cowlar项圈易于安装、具有防水性能，电池寿命也长达6个月之久。通过使用运动传感器，项圈通过依靠太阳能发电的基站和蜂窝服务塔将数据以无线形式发送给农民。需要在农场上简易安装太阳能发电基站的部件，然后将Cowlar项圈安装至牛身上。Cowlar项圈能测量奶牛的体温、活动和行为，并通过基站将这些数据发送至服务器，服务器根据大量专业知识生成的复杂算法对数据进行处理，提供最可行的建议。

农民可根据个人偏好通过文本、自动电话呼叫和在线仪表板来获取牛群的信息。目前，项圈的月度订购费为3美元。奶牛得到更好的照管，产出更多的牛奶，由此这项技术可以帮助农场主将其利润率提高至30%。

资料来源：www.cowlar.com。

4.1.2.4　UAV（无人机）

无人机在农业领域中的使用正以迅猛的速度发展，包括农作物生产、早期预警系统、降低灾害风险、林业、渔业以及野生动植物保护等方面。在实践中，物联网为农业需求提供两种无人机：地面无人机和空中无人机。为收集必要信息，农民输入农田数据，包括地面分辨率及高度。无人机提供有关植物计数、产量预测、健康指数、高度计量、化学物质是否存在于植物和土壤中、排水绘图以及各种其他数据的详细信息。在农业物联网领域所展示的示例中，无人机提供协助的基本方面包括土壤和农田分析（使用具有播种预测功能的3D地图）、种植（通过提供所需养分）、农作物喷药（使用超声波回波和激光以调整高度和避免碰撞）、农作物监测（提供时间序列动画而不是静态卫星图像）、灌溉（使用传感器以标明干燥区域）和健康状况评估（进行农作物扫描以确定是否缺少绿光和近红外光）。换言之，无人机照料着整个农作物圈。

为对更大区域进行绘图，需要更多劳动力和时间来收集数据。较小区域（例如从一至几公顷的区域）最好使用地面测量工具（例如带有载波相位差分技术和全球导航卫星系统的设备）完成绘图。对于诸如1千米^{2}这样的区域，无人机是一种得力工具，可生成高分辨率数据。但是，无人机通常会在耐力和空速上受限，这会减少无人机每次飞行可覆盖的面积。完成一次1千米^{2}的空中测量需要飞行多次，还需要更换电池充电和相关后勤工作。人工驾驶飞机可以收集相对高分辨率的数据，但规模效应并不能证明其使用的合理性，除非区域面积相当大（要在20千米^{2}以上）。

如今，无人机提供的图像可以精确地表明农作物的生长状况，并且可以定位表现欠佳的区域，从而实现更优的农作物管理。无人机可以配置无数的传感器组合以满足农民需求。各类传感器可用于从生长状况不佳的农作物中挑选出健康的农作物，而其他传感器则只是比较人眼无法检测到的农作物之间的色差。有的传感器通过检测热量或湿度来确定农作物是否健康。所有这些应用最终帮助农民尽早发现问题，并让他们继续提高农作物的生产力。

由于用途广泛，无人机对农业领域产生了诸多影响。根据目的类型和所使用的传感器，其影响大多在于投入技术应用和作物生长阶段。无人机配备了传感器来收集数据，对这些数据进行分析以更有效利用化学制品的投入（农药和化肥）和水资源（滴灌）。使用无人机还可锁定农作物关键性状（如对抗旱性、耐盐性或抗逆性，对病虫害的抵抗力），以便将所选农作物用于作物育种以应对气候变化等挑战。因为无人机提高了农业产量，所以对粮食安全和农作物生产的影响很大。

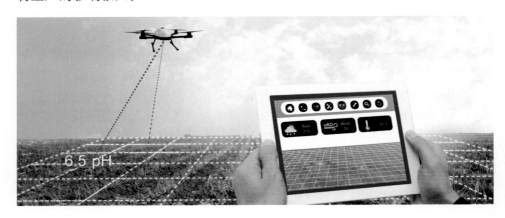

在2014年，无人机帮助中国农民减少了50%的农药施用量和近90%的用水量，并降低了70%的人工和材料成本[①]。无人机比人类更快，在华北地区，无人机每天可对多达132英亩的农田施药，而通常情况下一个人每天最多只能喷洒5英亩的农田[②]（案例9）。

案例9　在中国棉田使用无人机喷洒农药

大疆AGRAS无人机

使用个人无人机或无人驾驶飞机管理农作物在整个亚洲已经很普遍。八螺旋桨的Agras MG-1是中国大疆公司研发的最新型号无人机，其完全朝另一个方向发展——为农业用途而设计。Agras的主要用途是对农作物喷药，每小时可喷洒7~10英亩[③]。该型号的无人机直径约2米，重约20千克，有效载荷可达10升，每小时喷洒面积约为1公顷。将主动雷达系统和载波相位差分技术（RTK）GPS编程到无人机中，之后无人机以低至1厘米的定位精度在预设路线上飞行。Agras的喷药效率是人工喷药的40倍以上。

九州空中喷药小组在新疆塔城地区实施了一个项目，用无人机在20天内喷洒了3 295英亩的西红柿，可为农民每英亩节省1 800元。此外，他们还使用无人机为博尔塔拉蒙古自治州的农民种植的棉花喷药，在4.5小时内对26英亩的棉花进行喷药，平均每小时喷洒6.7英亩，帮助农民盈利1 600元。这意味着，无人机每天可以对至少60英亩棉花喷药，使农民收入超过3 000元。此外，该小组还发现，该型号所用的扇形喷嘴比拖拉机上的锥形喷嘴具有更好的雾化效果，螺旋桨产生的气流使农药液滴围绕叶片到达棉花下部，从而提高了脱叶率。另外，由于拖拉机经常对许多农作物造成损害或触碰掉棉花蕾铃，所以使用无人机喷药可进一步提高成本效益。

资料来源：https://forum.dji.com/thread-84286-1-1.html。

配置了合适传感器的无人机可识别出农田的哪些区域需要更多的水。农民可以利用这一实时信息来对其农田进行适当调整，并以最佳方式利用资源而不造成浪费。此外，无人机收集的信息可以帮助农民完善农田水分的分级，创造出适合特定作物的最佳生长条件。当农作物因暴风雨和其他不可预测的天气状况而受损时，可在无人机上配置适当的成像设备来估算农作物的损失。这有助于加快清理和维护的速度，同时为农民降低风险和农田维护成本。

无人机还可以配备其他设备，使其能够在任何农田作业所需的最佳高度扫描地面并精确量化地喷洒化学药品。这大大减少了化学药品的使用量，实际上也消除了过量喷洒的现象。无人机实时调整的能力极大地提高了效率，而不必使用那些过时且无计划的农作物喷药方式。

---

① https://gbtimes.com/farmer-uses-drones- crop-pest-control.

② www.yicaiglobal.com/news/chinese- aging-farms-step-into-ai-era-with-facial- recognition-for-pigs-.

③ 英亩为英制土地面积单位，1英亩≈0.405公顷。——编者注

就社会影响而言，在地形或地面条件不允许使用常规甚至专业设备的情况下，无人机可以代替劳动密集型且具有潜在危害的背式喷雾器和类似设备，这样便节省了时间，也避免了农民暴露于危害的风险。

虽然有一些科学发现，但是关于无人机在国家或地区层面对农业领域的具体影响尚缺乏相关数据，全球范围内现有的数据大多基于独立的小型项目。

4.1.3　大数据、云、分析法和网络安全

"大数据"以不同的呈现方式描述规模异常大的数据集，例如文本、数字、图片、视频等，由此增加了复杂性和多样性。这些数据可以用于计算分析，以展示模式、趋势和关联，描述行为和交互作用。大多数学科大数据的总体特征可以用4V来表示：数量（Volume）、速度（Velocity）、多样性（Variety）和真实性（Veracity）。大数据通常来自各行业、学界和政府，但如今使用由农用设备、手机和社交媒体用户生成的数据开始变得常见。

2015年，投资者向84家农业初创企业投入了6.61亿美元，这些初创企业旨在帮助农民将农业转变为下一个大数据行业（Burwood-Taylor，Leclerc and Tilney，2016）。在美国，风险资本家们于2016年在"agtech"（农业数字技术）上投入了30亿美元，其中46%的投资者集中于大数据和分析法（Walker et al.，2016）。新装置、传感器、物联网、成套设备和卫星功能可采集农田的详细数据，例如土壤湿度、叶片绿度、温度、播种、肥料和农药的喷洒速率、产量、燃料使用量和机械性能。数据正改变整个农业价值链，收集、处理和分析数据使产量最大化并减少对农业投入和自然资源的需求。新的数字工具正在提高农作物种植方式、牲畜的生产以及食品加工和分配的透明度。大数据分析法只是我们收集、管理和分析大量结构化和非结构化数据的过程。这一分析过程旨在发现从消费者决策到市场趋势的模式，而这些模式影响着商业决策和战略（案例10）。

农业分析法的全球市场规模将从2018年的5.85亿美元增至2023年的12.36亿美元，这一时期内的复合年均增长率（CAGR）为16.2%[①]。主要的推动因素包括全球食品需求、农业生产力的提高以及优化农业生产和农场管理实践[②]。这一市场的重要投资领域是：

[①]　www.marketsandmarkets.com/Market- Reports/agriculture-analytics-market-255757945. html?gclid=EAIaIQob ChMIooWU47mE4gIVTeh3Ch2ZnwS_ EAAYAyAAEgKKHfD_BwE.

[②]　www.prnewswire.com/news-releases/ global-big-data-market-in-agriculture- sector-2018-2022- market-to-grow-at- a-cagr-of-20---growing-popularity-of- spatiotemporal-big-data-analytics-3- 00687046.html.

（1）牲畜分析应用程序，包括饲养管理、热应激管理、挤奶、品种管理、牲畜行为监控和管理等。畜牧业包括各类日常例行工作，这些工作将生成大量有关牲畜的重要数据。

（2）农业分析解决方案，可以将各类数据关联起来，获得有关提高生产力的有价值见解。农作物产量取决于多种因素，例如天气参数、土壤状况、施肥和种子品种。对农民来说，从大数据集中寻找影响农场生产力的潜在关键因素非常具有挑战性。

案例10　国际农业研究磋商组织（CGIAR）大数据平台为哥伦比亚的小农提供支持

CGIAR 大数据平台

终止灾害：哥伦比亚稻农的案例

CGIAR 大数据平台已显示出对小农潜在收益的影响，哥伦比亚大米种植户协会就是一例。在经历了多季节降雨的洗礼后，哥伦比亚的稻农正努力了解何时播种。以高于或低于平均降水量为先决条件，稻农必须决定在种植季节的早期还是晚期进行种植。如果降水量太大，他们可能会决定在整个季节都不会种植。这些决定的风险和权衡取舍是显著的：如果稻农投资种植但农作物歉收，这一损失的财务影响可能会对稻农的产业造成严重后果。但是稻农如何预测雨量多少呢？

在农业大数据平台的一个试点项目中，来自国际农业研究磋商组织的研究人员就通过汇集当地天气数据以及水稻生产数据为稻农提供了帮助。他们通过一种气候模型处理了大量数据，预测了当地盛行的降雨趋势，并分析了不同雨量下水稻的生存能力。在某一季节，研究人员建议农民将水稻种植推迟至下一个季节。果然，当季有足够摧毁水稻的大量降雨。通过使用这种大数据方法，CGIAR平台能对紧急问题做出反应并提供重要指导来帮助稻农。

资料来源：https://cgspace.cgiar.org/bitstream/handle/10568/92045/Data_Driven_Farming_ORMS4502.pdf?sequence=1。

由于价格可承受性且经济效益高，农业分析解决方案的应用对大型农场的吸引力要比对中小型农场的吸引力更大。这样一来，大型农场的规模适合执行高级商业操作以便生成大量数据，从而为服务提供商创造具有吸引力的机遇来帮助大型农场管理和使用数据。

市场上提供全球农业分析解决方案和服务的主要供应商包括Deere and Company（美国）、IBM（美国）、SAP SE（德国）、Trimble（美国）、Monsanto Company（美国）、Oracle（美国）、Accenture（爱尔兰）、Iteris（美国）、Taranis（以色列）、Agribotix（美国）、Agrivi（英国）、DTN（美国）、aWhere Inc.（美国）、Conservis Corporation（美国）、DeLaval（瑞典）、Farmer's Business Network（美国）、Farmers Edge（美国）、GEOSYS

（美国）、Granular（美国）、Gro Intelligence（美国）、Proagrica（英国）、PrecisionHawk（美国）、RESSON（加拿大）、Stesalit Systems（印度）和 AgVue Technologies（美国）。

明确的证据表明，大数据、分析法和精准农业正在改变农业运营的方式、生产过程与物流和商业的集成（Pham and Stack，2018）。然而，据称在澳大利亚农用大数据也带来了以下几方面的挑战和担忧（Jakku et al.，2018）：信心、基础设施和全球竞争力。对这些担忧进行概括并考虑其他领域应用大数据的隐患，便可发现存在以下风险：

（1）隐私权、数据权和信任。对于大企业和中小型农户而言，大数据环境下的隐私和信任有很大区别。对大企业而言，在数据存储过程及政府规则和限制方面的信心是重大因素。但是对中小型农户而言，最相关的考量与维护农民个人权利及确保收益返至生产者有关。

（2）关于基础设施，最大的挑战是农村和偏远地区缺乏连通性（互联网和高速网络）和数据管理能力。这却能为企业带来重要优势，因为企业更有可能使用必要的基础设施，但对中小型农户却并非如此。

（3）全球竞争力，作为应用大数据的一种风险因素，等同于保持竞争力的需求，因为这一类型的技术及其使用会产生难以保持和获取的竞争优势，被淘汰的可能性也随之而来。

另外，作为对其他领域影响的外推法，与隐私和网络安全相关的风险以及可能为访问数据的人带来的不对称性已得到确定。

（1）网络安全和数据保护。大数据和分析技术的迅速发展和应用已为网络安全威胁创造了可能性。这不仅在黑客攻击层面上会发生，还可能发生数据修改或泄漏的情况，导致个人数据及涉及不同利益相关者的数据被解密。最后，阻断这种可能性或更糟糕的情况即引进不合适的农业设备操作或欠佳的决策。网络安全和数据隐私必须成为优先事项，否则可能会影响相关信息，甚至导致信息失灵或破坏。

（2）市场营销者和贸易商期望，大数据能够让他们更好地预测农产品的需求和价格。这可能会加大市场营销者和贸易商相对于农作物种植者的商业优势。因此，大数据的应用可能在价值链中产生不对称性，从而使种植者处于更大的不对称性之中。

小农的数据高度分散，因为获取、存储和使用数据的方法并非标准化。根据一项评估（美国国际开发署，2018），解决小农面临的诸多制约因素的数据和技术（硬件和软件）已经存在，但这些数据和技术是分散的，并非所有的服务提供商都有平等的使用机会。大数据的使用可以将零散的数据和资源以及多样化的服务提供商汇聚在一起，以建立一个为农民提供更多支持的生态系统。

智能农业网络基础设施必须将传感技术（例如GPS、遥感、农田传感器等）、数据聚合、可扩展的数据分析和可视化功能进行集成。传感技术将由固定和移动的设备（例如智能手机、空中或地面机器人）组成，这些设备可衡量当地的环境状况（例如天气、土壤湿度和成分）、收集多光谱图像（例如植物健康状况、牲畜位置和农作物成熟度）并跟踪农业机械以及农业投入物的使用（例如灌溉、农药和拖拉机）等。数据系统由公共云服务和基于农场或社区的边缘云系统组成，这些系统可运行各类工具（例如开源的和专营的）以从农场数据中提取可行的信息。边缘云系统是一种小型计算"设备"，其运行方式类似公共云服务，但无须互联网连接以及代价高昂的数据传输。该系统还为农民提供了实时的、本地化的决策支持，以及对隐私和数据共享的控制权。公共云服务有利于大批量数据分析和农场间匿名信息共享[①]。

农作物生命周期和农业生产实践（此类网络基础设施所支持的）的有关数据，就其类型（如图像、时间序列、统计）、结构（如手写的、数字化的）和规模（如空间的、时间的、生产厂层面到全球层面）而言，数量大量。此外，这些数据集并不完整、准确，它们之间相互依存但不稳定，由并非旨在解决未来（和未知）挑战的各种设备（如无人机、农场劳作者、传感器和互联网服务）所生成，因而需要一种可用于分析修正的数据融合新技术来整合多源的多维数据，以构成有形实物或系统的标准化和有用呈现（案例11）。

尽管大数据和分析法的前景非常重要，但在农业中开发出大数据的潜力仍存在障碍，包括：①缺乏对数据进行汇总诠释以助力农户决策的能力；②农民缺乏使用新工具的意识、培训和知识；③缺乏使大数据系统广泛可用的数据标准互操作性。最后，需要建立一个制度框架来规范不同行为主体（农民和其他行为主体）对大数据的获取、存储和使用，以建立利于大数据挖掘和等价交换的规则（Lioutas et al.，2019）。

---

① https://arxiv.org/ftp/arxiv/ papers/1705/1705.01993.pdf.

案例11　智能农业的数字智能平台
PROAGRICA
孕育精准农业新纪元

您知道吗？粮食增产意味着一位农民可以养活的人数是1960年可以养活人数的6倍。由于可用的额外耕地有限，在未来几十年内保持粮食增产就需要特别有效地利用实证农业实践所获取的数据和技术。正因如此，Proagrica公司开发的Agility和其他类似的分析法创新十分重要。创新技术帮助该公司建立了凝聚深刻见解的平台，为农民提供有关农业运营的新见解，推动了精准农业革命的发展。

挑战：如何获取大量农业数据深刻见解

如今，普通农民能养活的人口数量几乎是1960年的6倍。到2050年，农民能养活的人口数量将再增加2/3。这些非同寻常的效率只有借助技术驱动型精准农业所获得的高产量才有可能实现。而为全球农业提供了高价值深刻见解的Proagrica公司则是这方面的专家。当开发Agility（一种为农民提供深刻见解的新型平台）时，他们希望将农场数据驱动型和实证型农业生产置于前沿和中心。但如何将如此大范围的不同农业数据源整合在一起？以处于可持续农业最前沿的农民，以何种方式才能向其提供呈现深刻的农业见解呢？

如何协助：深入研究数据

从概念的最初萌芽到最终实现，数据专家团队一直与Proagrica公司协作。第一个挑战是以可用的方式将海量信息整合在一起。他们利用Proagrica公司从天气报告、土壤类型、农作物类型、机械操作以及其他农场数据（甚至包括卫星和无人机数据）等多个来源采集的数据，将这些数据融入单个大数据存储库中，并在规范模型中整理数据实体及数据属性。这为Proagrica开发Agility平台奠定了坚实的数据基础。但项目成功的关键因素是为农业社区收集深刻见解。借助Elasticsearch、NodeJS、React和HPCC，他们为Agility平台搭建了用户界面和数据服务，将可行的深刻见解直接交给有需求的人。

结果：新发现的灵活性

Proagrica的Agility平台通过实证精准农业帮助农民提升盈利能力。通过基于农作物保护、播种、种植阶段、营养、耕作和地区的出产季分析，使农民深入了解能促成或阻碍其农业活动的趋势、威胁或机遇。此外，Agility平台对市场的丰富洞察力为整个农业供应链提供了更深层次的可见性，并加强了可追溯性，实现了更好的数据溯源。这不仅可以帮助农场主做出更好的决策，还可以帮助他们更高效地管理地球上最具价值的环境资源。

资料来源：https://www.searchtechnologies.com/sites/default/files/Search%20Technologies/case%20studies/PDFs/Proagrica- Precision-Agriculture.pdf。

4.1.4　整合与协调（区块链、全球ERP、融资与保险体系）

农业和价值链中的数字化使生产和管理流程中以及价值链（协作）中所生成的数据和信息可以集成到普通平台上，从而有可能对管理和决策支持进行整合。在这一流程中，在生产单元层面[例如具有农业专业化的ERP（企业资

源计划）系统以及协调价值链不同阶段的技术]上有可能找到整合流程和信息的技术。近年来，出现了可将操作、流程、数据和信息与农业领域价值链整合在一起的平台。以下是对这些案例的分析，通过案例分析识别现有技术及其已经产生的影响或潜在的影响。

4.1.4.1　农业中的ERP系统（企业资源计划）

10年前，传统的ERP系统在农业领域的应用仍被认为是有限的（Verdouw，Robbemon and Wolfert，2015）。实际上，传统的ERP系统很少被用于满足农民的特定需求，因其缺乏农业领域所需的灵活性——因为变幻无常的自然因素或不确定的市场环境都可能左右农业的成败。

ERP软件对农业很重要，因其有能力简化从采购到生产再到分销的流程。适用于农业的可扩展ERP可以帮助提高维护运营的效率、确保产品质量、跟踪资金核算、便利库存和提供供应链管理和分销。许多ERP产品，如Infor Syteline CSI[①]、ERPNext[②]、Agrivi、Granular、Trimble、FarmERP、FarmLogs、Agworld、AgriWebb和Conservis[③]都以高度关联的特定领域功能满足了农业社区的需求。基于云的ERP作为一种电子农业平台，在实现盈利和养活世界人口方面发挥着越来越重要的作用。

ERP可以使农场（或相关业务）更自如地应对环境挑战，因时而动，提高农业的成本效益。但是，还无法找到使用此类技术及其影响的具体案例，其原因之一可能是ERP不仅仅是一种一次性的解决方案。

---

① www.essoft.com/products/infor- cloudsuite-industrial-syteline-erp/.

② https://erpnext.com/agriculture.

③ www.predictiveanalyticstoday.com/top- farm-management-software/.

4.1.4.2　农业食品价值链中的区块链

　　源于20世纪后期的信息通信技术革命促成了全球价值链（GVC）的创建，为进入新市场和出口多样化提供了机会，人们无须学习和建立整个生产过程，只要专注于更精专的领域就可以提高竞争力。此外，参与全球价值链可接触具有管理和技术专长的大公司，使知识和专有技术从发达经济体向新兴经济体转移以及在新兴经济体之间转移（Taglioni and Winkler，2016）（案例12）。

　　价值链领域的一项有前景的技术被称为分布式账本技术（DLT）[①]，其中区块链及其在农业中的应用尤为亮眼，例如：①农业供应链的可追溯性（Leon，Viskin and Steward，2018）；②土地注册；③农业保险体系；④数字身份识别（联合国粮农组织和国际电信联盟，2019）；⑤食品安全。

案例12　智能农业的管理系统
MYCROP
完善农场和农民管理系统
MyCrop是一项面向农民的技术赋能计划，让农民能通过Farmer Mitra（VLE——农村企业家）提交信息、专业知识和资源，由此提高生产力和盈利能力，进而提高生活标准。这是一个协作平台，致力于结合尖端技术（大数据、机器学习、智能手机和平板电脑等）、创新商业模型（农业平台作为服务）和专业人工服务（通过Farmer Mitra提供农业洞见、产品和服务）为小农提供服务。 　　MyCrop立足于几乎实时的天气、土壤、病虫害和农作物数据，为农民量身定作地理绘图、农作物规划、个体农场计划和农场自动化服务，帮助农民制定和执行最佳决策。 　　MyCrop是一种可持续的、由数据驱动的、可扩展的、智能的、具有自学能力和可以实时协作的农业食品系统，可作为农场以及农民的管理解决方案、预测分析和监控工具、决策支持系统以及农业电子商务（买卖）平台。 　　资料来源：www.mycrop.tech。

　　以企业巨头和大型公司为例，可重点强调以下案例[②]：

- IBM Food Trust倡议始于IBM公司与沃尔玛中国和清华大学的合作，这项合作已发展成为一个全球性的联盟，包括Dole、Driscoll、Kroger、Nestle、Tyson和Unilever等公司。IBM平台所提供的数据可追溯性将一个芒果由商店追溯到源头的时间从7天减少至2.2秒[③]。这种可追溯性可以帮助识别受污染的产品，以便在产品被消费前召回。

---

①　www.ictsd.org/sites/default/files/research/ emerging_opportunities_for_the_ application_of_ blockchain_in_the_agri- food_industry_final_0.pdf.

②　http://www.disruptordaily.com/ blockchain-use-cases-agriculture/.

③　www.ibm.com/blockchain/solutions/food- trust.

- 家乐福（Carrefour）是这方面的先驱。家乐福于2018年3月成为第一家将区块链技术用于食品的零售商，并将该技术应用于离岸家乐福鸡（Carrefour Quality Line Auvergne）。目前，该技术已推广至9种动植物产品线之中，如散养鸡肉、鸡蛋、奶酪、牛奶、橙子、西红柿、鲑鱼和绞碎的牛肉牛排。通过智能手机扫描二维码，消费者便能够追溯产品，并下载访问有关产品的全套信息，包括动物饲养的地点和方式、农民的姓名、喂养的饲料和饲料处理方式、依据的质量标准以及动物屠宰的地点。家乐福希望在2022年之前将这项技术应用于所有Quality Line食品。

- 中国电子商务巨头阿里巴巴和京东正在利用区块链的可追溯性来提高消费者对食品真实性的信心。总部位于北京的京东（JD.com）开始从内蒙古（中国北方的一个省）科尔沁牛业到北京、上海和广州的消费者这一过程中对牛肉进行追溯。京东还与澳大利亚出口商InterAgri和加工商HW Greenham & Sons合作，从饲养到加工和运输过程对黑安格斯牛肉进行跟踪。

- BeefChain[1]由怀俄明州的牧场主所创建，他们想知道牛肉的出售地点。该公司作为过程验证计划（Process Verified Program）获得了美国农业部（USDA）的认证，并且是第一家获得USDA此类认证的区块链公司。

- 总部位于明尼苏达州的农业巨头金银花（Honeysuckle）拥有者嘉吉（Cargill）[2]让70多个独立农场参与金银花的可追溯火鸡计划，希望与消费者建立更牢固的联系。虽然将区块链整合到供应和分配链中意味着需要一个数据丰富的环境，但嘉吉目前使用技术上重点是分析和支持区块链技术的数据仓库。

就小农而言，目前已报道了许多与之相关的应用案例（Kamilaris, Prenafeta Boldú and Fonts，2018）。同样的案例包括：① AgriLedger使用分布式加密账本来加强非洲小型农业合作社之间的信任[3]；② OlivaCoin是一种B2B橄榄油贸易平台，支持橄榄油市场以降低总体财务成本并提高透明度，这样更容易进入全球市场[4]；③ 土壤协会认证[5]已启动跟踪有机食品行程的试点技术；④ AgriDigital[6]与CBH Group合作实施了澳大利亚谷物的试点项目，以证明分布式记账技术（DLT）的潜力。CBH Group是一家谷农合作社，负责处理、营销和加工西澳大利亚州小麦带区的谷物，以证明这项技术能在供应链中发挥作用；⑤ 2018年1月，世界自然基金会宣布推出一个区块链供应链可追溯项目，以打击金枪鱼非法捕捞活动。

---

① https://beefchain.com/.

② https://bitcoinmagazine.com/articles/your- thanksgiving-turkeys-provenance-might- be-blockchain-seriously/.

③ www.agridigital.io/products/blockchain.

④ http://olivacoin.com/.

⑤ www.soilassociation.org/certification/.

⑥ www.agridigital.io/.

总之，农业和食品供应链市场的区块链预计将以47.8%的复合年均增长率（CAGR）呈指数增长，其估值将从2018年的6 080万美元达到2023年的4.297亿美元[①]。区块链在深刻影响农业运行方式、提高参与方之间的信任度、促进整个供应链中的信息共享以及显著降低农业交易成本（Treat and Brodersen，2017）方面具有巨大的潜力。根据2015年一份针对韩国消费者的研究报告[②]，可追溯信息可提升销售额并增强消费者对品牌和产品的信任度。

对于透明的食品供应链，区块链是一项具有前景的技术，目前已有许多针对各类食品和食品相关议题的计划正在施行，但是仍然存在许多障碍和挑战，影响区块链在农民和农业系统中的更广泛普及。根据调查[③④]，主要障碍是：①监管不确定性（48%）；②用户之间缺乏信任（45%）；③网络整合能力（44%）。另一份报告[⑤]表明存在以下障碍：①处理交易和基于区块链的系统相对较慢；②各类区块链平台之间缺乏标准和互操作性（案例13）。

案例13　区块链技术连接农民与消费者

沃尔玛追踪从农场到区块链的生菜

沃尔玛称，它现在有一个更好的系统，可精确查找哪些批次的绿叶蔬菜可能受到污染。经过为期两年的试点项目后，这家零售商宣布将使用区块链跟踪每袋菠菜和包心生菜，并开始要求生菜和菠菜供应商致力于可精确查明受污染蔬菜的区块链数据库。

到明年这个时候，需要将为沃尔玛提供绿叶蔬菜的100多个农场的产品详细信息输入IBM为沃尔玛和其他探索类似做法的零售商所开发的区块链数据库之中。对于沃尔玛而言，这一倡议完全符合其两个关键战略：加强其对数字技术的见识，并向客户强调其新鲜食品的质量。区块链还可以为沃尔玛节省开支。当食源性疾病暴发时（例如影响长叶生菜的大肠杆菌），沃尔玛只需要丢弃实际上有感染风险的产品。IBM试图将自己定位为新兴区块链技术的领导者。它正在与像微软这样的著名公司及像以太坊这样的新兴公司进行竞争，这两家公司已经在金融交易和音乐版权等各类领域开发了项目。

沃尔玛需要时间来推广其技术成果。同时，有可能要面对该技术批评者所提出的质疑，即企业开发的区块链与老式在线数据库并无差异。

资料来源：https://www.nytimes.com/2018/09/24/business/walmart-blockchain-lettuce.html。

---

① www.futurefarming.com/Tools-data/ Articles/2018/12/Blockchain-market-in- agriculture-growing-rapidly-370818E/.

② www.foodsafetymagazine.com/news/ study-consumers-are-drawn-to-traceable- foods/.

③ www.pwc.com/blockchainsurvey.

④ https://insuranceblog.accenture.com/ blockchain-for-insurance-in-japan- driving-forces-and-barriers.

⑤ www2.deloitte.com/insights/us/en/focus/ signals-for-strategists/value-of-blockchain- applications-interoperability.html.

4.1.5　智能系统

精心设计智能技术和系统是通向数字农业发展的主要途径。智能传感器和自动机器人可以通过提高来自传感元件信号的精确度和合理的处理，从根本上完善整个控制系统。所有生产领域的技术革命，特别是包括技术设备在内的计算机和研究领域，将决定本土化（分离智力）系统在功能化结构中的应用以及在农业智能系统和技术中的进一步发展。

4.1.5.1　深度学习、机器学习和人工智能

机器学习被界定为一种可以为机器赋能的科学领域，让机器从"经验"（训练数据）中学习而无须严格编程就能执行任务。机器学习的应用正在越来越多的科学领域中得到普及。由于在各个领域的成功应用（Kamilaris and Prenafeta-Boldu，2018），深度学习最近也进入了农业领域。深度学习在农业中的应用之一是图像识别，它清除了许多限制机器人、农产品加工业和农业快速发展的障碍（Zuh et al.，2018）。

机器学习在农业生产体系中的应用可以归类为：①农作物管理，包括产量预测、疾病检测、杂草检测、作物质量和物种识别；②牲畜管理，包括动物福利和畜牧生产；③水管理；④土壤管理。

机器学习已广泛应用于主要农作物管理、产量预测、疾病检测的多类应用程序中（Liakos et al.，2018）。然而，在传统上，人工智能背后的驱动智能是机器学习方法，它决定了人工智能技术所做的决策并发现了可用于进行预测的隐藏模式或趋势（Pierson，2017）。人工智能使机器能够从经验中学习，适应新的输入并执行类人任务。当今听到的大多数人工智能范例，如从下象棋到自动驾驶汽车，都高度依赖于深度学习和自然语言处理。根据欧盟委员会的说法，人工智能是指通过分析环境并以一定程度自主能力执行各种任务以实现特定目标的智能行为系统[①]。

凭借这些技术可以训练计算机通过处理大量数据并识别数据模式来完成特定任务。如今，人工智能驱动的技术在全球多个行业中越来越普及，包括金融、运输、能源、医疗保健和农业。以农业为基础的企业正寻求新方式来获得和保持竞争力并提高生产率，同时向市场提供新产品和服务。过去几年，人工智能技术的发展提升了农企的运作效率。使用人工智能的公司可帮助农民扫描农田并监控生产周期的每个阶段。这将帮助农民做出以数据为依据的决策。农民可以依靠卫星或无人机记录的数据来确定农场状态而无须四处走动，人工智能技术正在改变农业领域，这使农民可以集中时间专注于生产和扩张这样的全局，而不是花费过多时间调查农作物和农场状况。

---

① https://ec.europa.eu/digital-single-market/ en/news/factsheet-artificial-intelligence- europe.

不断变化的天气状况，包括温度升高、降水类型和降水量的快速变化以及地下水密度的变化，可能会影响农民，尤其是那些在未灌溉土地上播种且农作物非常依赖降水的农民。利用云技术和人工智能给出播种建议以及预测虫害和商品定价，这是朝着为农业社区创收方向迈出的重要一步。与天气相关的数据的潜在来源将持续大幅增加，机器学习的新进展使政府机构和公司可能更好地利用所有这些数据。天气预报永远不可能达到真正完美，但人工智能将提升其准确性和分辨率。天气预报的改善和高度本地化能提高众多行业的效率，改善农田灌溉状况（案例14）。

案例14　在全球范围内对天气预报使用人工智能
IBM天气公司（IBM Weather Company）
深度天气数据和观察有助于做出更好更快的决策
Weather Company是IBM开展的一项业务，通过将世界上最准确的天气数据与行业领先的人工智能、物联网和分析技术相结合，向全球的消费者和企业提供个性化和可行的见解。 　　他们的解决方案为新闻播音员、飞行员、能源贸易商、保险代理商、政府雇员、零售经理、农民以及更多群体提供有关天气对其业务影响的见解，帮助他们做出更明智的决策来提高安全性、降低成本并增加收入。 　　这一模型可以在暴风雨预计到来72小时前提供准确率为70%～80%的损失预测。这样，在暴风雨过后，公用事业机构就有足够的时间安排足够的人员来修复受损情况。 　　资料来源：www.ibm.com/weather。

再次创建虫害预测的模型将利用人工智能和机器学习来提前做出虫害风险指示。常见的虫害，如小叶蝉、蓟马、白粉虱和蚜虫，可能对农作物造成严重损害并影响产量。有关虫害可能性的指导将帮助农民采取预防举措，农民将获得关于虫害可能性的预测性见解，这将有助于他们制订计划并采取优先措施来减少虫害造成的

农作物损失。所有这些举措无疑将使农业收入翻倍。除播种建议外，根据天气状况和作物生长期来确定虫害风险的措施也是应该采取的。

在算法中融入数据，如气候条件、土壤种类、商业核心、潜在威胁和信息，人工智能可以帮助农民决定使用最好的种子以将产量最大化。在缺水期，人工智能驱动的农业将有助于节水。它利用太阳能运行，因此不会造成污染。智能型农业使投资回报得以最大化，是经济效益上的明智选择，这可以提高所有农场的投资回报率。此外，人工智能创新可以进行调查，帮助农民最大限度地减少农场生产供应链中的损失。

人工智能在完成通常由研究人员手动完成的任务上进展顺利，既能从种群研究照片中识别单个动物，又能对农业科学家收集的数百万陷阱照片进行分类。人工智能能协助改善牲畜的质量，为许多国家的牲畜养殖户带来巨大的经济利益。能负担得起的且能持续监控牲畜生长速度的工具是畜牧业渴望追求的，因为这种工作有潜力改善动物福利，提高生产效率。

关于人工智能图像识别的另一个令人振奋的进展是，谷歌训练的人工智能已经能够识别5 000种动植物，这将提高无人机检测病虫害和农作物损害的能力。这一进步是巨大的，因为这将使农民能够比以往任何时候速度更快、更准确地监测农田并了解一段时间内的病虫害模式（案例15、案例16）。

案例15　在印度农村使用人工智能进行产量管理
微软公司及其开发的个人助理Cortana
使用人工智能进行产量管理

人工智能（AI）、云机器学习（ML）、卫星成像和高级分析等具有未来特征科技的出现正催生出一个智能、高效和可持续的农业生态系统。这些技术的融合使农民能获得每公顷更高的平均产量并更好地控制粮食价格，从而确保盈利。

目前，在印度安得拉邦，微软公司正在与农民合作，使用包括机器学习和Power BI（商业智能）的Cortana智能组合来提供农场咨询服务，将数据转换为智能操作。该试点项目利用了基于人工智能的播种应用程序，该程序能就播种日期、可耕地准备工作、基于土壤分析的施肥方案、FYM要求和应用、种子处理和选择以及优化播种深度等方面向农民提供建议，使平均每公顷作物产量提高了30%。

人工智能模型还可以用于识别各个季节的最佳播种期、气候统计数据、从每日降雨量统计数据和土壤水分得出的实时湿度充分度数据（MAI），由此构建预测图表并获取有关最佳播种时间的农业投入。

为预测潜在虫害，微软公司与印度United Phosphorus Limited公司合作开发了一种名为"虫害风险预测应用程序编程接口"（API）的平台，该平台具有人工智能和机器学习的战略优势，可以提前发出潜在虫害的信号。根据天气情况、田间作物的生长阶段、虫害情况的预测等级可分为高、中、低。

资料来源：https://news.microsoft.com/en-in/features/ai-agriculture-icrisat-upl-india/。

<table>
<tr><td colspan="1">

案例16　用于农作物监测的人工智能农业平台

以色列智慧农业科技公司Taranis是人工智能驱动的农业情报平台

　　该公司被选为约翰迪尔（John Deere）初创企业合作成员中的一员。它使用先进的计算机视觉、数据科学和深度学习算法，使农民能够做出明智的决定。Taranis是一家国际化的精准农业科技初创公司，为高精度空中监视图像提供全栈式解决方案，从而可以提前避免由农作物病虫害、杂草和营养元素不足引起的农作物产量损失。

　　Taranis平台推出了世界上第一个"空中侦察"功能，可帮助服务提供商、土地管理者和生产者监测其农田，做出明智的决定并采取相应行动。

　　Taranis结合了从卫星图像到飞机拍摄图像再到无人机叶片图像这3个不同级别的农田图像，并使用人工智能深度学习技术来确定农作物健康状况。它会分析不同成长阶段的不同图像，在农作物整个生命周期中监控每一块农田。

　　该平台能够监控农田并发现长势不均匀、杂草、营养缺乏、病虫害、水灾和设备问题的早期症状。该公司在美国、阿根廷、乌克兰、巴西和俄罗斯管理着数百万英亩的农田，在全球拥有75名员工，总部位于以色列特拉维夫，在阿根廷、巴西和美国设有子公司。

　　资料来源：http：//www.taranis.ag/。
</td></tr>
</table>

　　人工智能机器也可以执行气耕法，该技术广泛用于垂直农业。使用气耕法，植物有99.98%的时间暴露于土壤水之中，但在其余0.02%的时间则暴露于富含微量营养元素和矿物质的溶液中（水＋植物分解）。这增强了植物的生长力，同时分别使植物所需水分和营养减少了40%和30%[①]。

---

　　① https://medium.com/@ODSC/the-future- of-artificial-intelligence-and-agriculture- 540c39208df6.

对于国际农业研究磋商组织（CGIAR）农业大数据平台背后的团队而言，耕种是使用人工智能有效解决复杂问题的下一个应用前沿。由生物学家、农学家、营养学家和政策分析人员组成的团队与数据科学家合作，使用大数据工具创建可预测农民未来潜在结果的人工智能系统。通过利用大量数据和创新的计算分析法，国际农业研究磋商组织（CGIAR）平台致力于帮助农民提高效率并降低农业中固有的风险。该平台背后的考量是首先为研究人员创造更好的方式来管理和共享农业数据[①]。

硅谷也在使用人工智能来影响农业，但硅谷的这些公司更倾向于关注技术方面而不是农业方面（Shohamet al.，2018）。这些技术包括室内农场、机器人收割机以及需要大量投资和资源的设备等技术创新。

尽管人工智能在农业应用方面展示出巨大的机遇，但世界各地的农场仍普遍对先进高科技机器学习解决方案不够熟悉。农业耕种仍经常受天气、土壤条件和虫害等外部因素的影响。在播种季节初期制订的农作物种植计划似乎在收获初期并未达到理想效果，因为收成会受到外部因素的影响。人工智能系统需要许多数据来训练机器的精确预测和预报。在农业用地面积非常大的情况下，收集空间数据很容易，而获取时间数据是一种挑战。在农作物生长阶段，每年只能获取一次特定作物的各类数据。随着数据库日臻完善，需花费大量时间来构建强大的人工智能机器学习模型。这是在种子、肥料和农药等农用产品上而不是在农田精准解决方案中使用人工智能的主要原因。

总之，农业的未来在很大程度上依赖于可适应的认知型解决方案。尽管已经可以利用大量正在进行的研究和许多应用，但为农业提供的服务仍然不足。虽然归根结底是要使用人工智能决策系统和预测性解决方案来解决这些问题，进而解决农民面临的现实挑战和要求，但人工智能耕种还处于初期阶段（Dharmaraj and Vijayanand，2018）。欧盟最近发布了可信赖人工智能的道德准则[②]，其中提出了人工智能系统在满足7个关键要求后才可被视为可信赖的系统（案例17）。

[①] https://foodtank.com/news/2018/10/ agricultural-intelligence-what-ai-can-do- for-smallholder-farmers/.

[②] https://ec.europa.eu/digital-single-market/ en/news/ethics-guidelines-trustworthy-ai.

案例17　人工智能在中国猪肉生产"从农场到餐桌"的应用

阿里巴巴和京东推出用于养猪场的智能大脑实时监控养猪场

中国大型科技巨头阿里巴巴和京东已争相在智能农业技术领域取得一席之地。

阿里巴巴的"ET农业大脑"是一个人工智能程序，它使用面部识别、温度识别和声音识别来评估每头猪的健康状况。该技术可以通过追踪母猪的睡姿、站姿、进食等数据来判断其是否怀孕，已经被中国多家领先的养猪企业采用。该程序还能够检测出病猪并最大限度地减少事故，例如通过使用语音识别技术来保护猪崽免受事故的伤害。该程序安装了多个仪器收集数据，以优化猪群生长的环境，同时减少养殖过程中的人为错误。

总部位于北京的京东还推出了一种针对猪的面部识别系统。神农大脑、神农物联网设备和神农系统三大模块，监控每头猪的体重、生长和健康状况。

按照京东的测算，这套系统将通过优化猪的生长条件，将养殖人工成本降低30%～50%，降低饲料使用需求，并将出栏时间缩短5～8天。京东估计，如果全中国所有猪场都用上这套系统，每年可降低500亿元人民币的成本（75亿美元）。

资料来源：www.yicaiglobal.com/news/chinese-aging-farms-step-into-ai-era-with-facial-recognition-for-pigs。

4.1.5.2　机器人技术和自动系统

人工智能、农田传感器和数据分析是在这一努力中使用的一些高级系统，但将这些技术融合为一体的领域是机器人技术和自动化设备。农业机器人有时也被称为"agrobots"，这一即将到来的技术将对未来农业产生深远影响。从苗圃种植到放牧，机器人已经在农业中得到使用，如已经开发了用于农耕（如机械除草、农作物监测、施肥或收获水果）的自动机器人。先进的机器人系统还将照管植物并进行收获，还可以收集农场数据，从而提高作物产量。许多其他机器人即将投放市场，现已经有一些机器人可以执行以上操作。

为减少除草剂的使用，现在有许多除草机器人可以通过装备摄像机指挥的锄头（Tillett et al.，2008）、精准喷雾器（Binch and Fox，2017）或激光（Mathiassen et al.，2006）来除草。

通常有两种类型的农用机器人：一种专门用于在不同类型传感器支持下完成的操作，例如除草、耙地、施用除草剂或农药、农作物监测或收获。另一种是能够根据所附加的应用程序执行不同工作（与拖拉机的概念类似）的自动平台。这些平台仅需更改应用程序即可播种、除草或收获农作物，还可以集体作业，从而节省劳动力（案例18）。

因此，就农场而言，现在机器人通常会用于牧场挤奶[①]。目前，这种用途所占的比例相对较小，但欧盟的一项前瞻性研究预测，到2025年，欧洲大约50%的畜群将由机器人挤奶（欧洲议会，2016）。

机器人系统围绕农场开始执行操作，例如清理动物隔栏中的废物、搬运和移动饲料等。机器人系统的使用和开发用于自动监控牲畜并收集农田数据，对高效多产的畜牧业具有商业价值。还有更多机会应用更先进的传感器技术，并结合更多的自动系统来服务农业操作。

案例18　机器人在农业和葡萄栽培上的应用

法国农业机器人公司 Naio Technologies 研发的 Dino 除草机器人

Dino机器人旨在简化大型蔬菜农场的除草工作，其主要优点是可以自动工作，因此农民有更多时间完成具有更高附加值的工作。

为帮助农民应对日益增多的植物检疫法规、对农药日益增长的担忧以及农业领域劳作人员的匮乏等挑战，Dino提供了一种新的有效解决方案。Dino除草机器人可高精准度除草，同时节省劳动时间。

Dino是一种生态友好型机器人，可使用一系列特定工具对作物进行机械除草。该机器人是100%电动的，有助于减少除草剂的使用，同时降低碳排放。

Dino对生长在蔬菜种植床和起垄种植的蔬菜（如生菜、胡萝卜、洋葱等）的除草效果非常好。

资料来源：https://www.naio-technologies.com/en/agricultural-equipment/large-scale-vegetable-weeding-robot/。

自动化技术还有另一种选项即将当前设备转换为自动化设备。配备了导航和传感系统的普通拖拉机和其他机动设备就是很好的例子，它们可以自动作业和集体作业。这为农民开启了迈向更高效生产系统的巨大机遇，他们不需投资购买全新的设备就能操作机械，从而降低适应成本和能力建设成本。

农业机器人还为发展中国家的农业技术领域提供了巨大机会。多功能设备可以用于简单的农场工作，如除草、货物运输，从而提高农场生产力和减少烦琐工

[①]　https://ifr.org/downloads/press/Executive_ Summary_WR_Service_Robots_2017_1.pdf.

作，这也为有能力的年轻人提供了新的工作机会，这些年轻人可以在其国家使用技术解决方案的契机里找到合适工作；此外，也满足了农业机器人专业操作人员和技术人员的需求，也同时为发展中国家的年轻一代提供了新的商业和就业领域。

农业机器人已被用于帮助农民测量、绘图并优化水资源利用和灌溉。同样，使用精准施肥和施药的机器人将减少对环境的不利影响。如今，小型轻型机器人的大批出现被认为可替代传统的大型拖拉机，从而逐渐减少了压实、土壤通气问题并改善了土壤功能。此外，机器人上的新型传感器还可以通过检测病虫害和杀虫剂及杀菌剂的精确施用来减少农药的使用。机器人也可以作为病虫害综合管理系统的一部分发挥作用，例如，用于精准且低成本地喷洒生物农药以抵抗农作物病虫害。

操作精度的提高、对土壤的影响较小、农业投入的减少等为农业机器人的使用带来了一些环境方面的优势。农业机器人还可以弥补农忙季节（例如特殊作物的收获时间）的人力短缺（案例19、案例20）。

但使用农业机器人也存在一些限制，因此，农业体系和价值链将需要经历一个转型过程，以便实现整合机器人和自动化设备的数字化。如果农民想享受这项技术带来的益处，能力的提高、数字基础设施的使用和技术支持是需要克服的主要障碍。

技术的使用可能需要慎重进行。大多数农民和粮食生产者需要能够在其现有生产系统侧和生产系统内逐步引入的技术。因此，在可预见的将来，人类和机器人将经常协作执行任务，两者之间的协作必须是安全的。这会产生一个过渡时期，在此期间，人类与机器人将一起工作，因为机器人要完成由简单到复杂的工作，由此提高生产力，并使人类的工作向价值链更高层发展。

案例19　机器人在美国农场采摘草莓
收割机器人
农作物收割
Harvest CROO Robotics 公司开发了1种可以帮助草莓种植者采摘和包装草莓的机器人。据报道，劳动力的缺乏已导致加利福尼亚和亚利桑那州等主要农业区损失数百万美元。预计农场有40%的年度成本用于果蔬农作物种植的"计时工资、固定薪资和合同劳动费用"，因为果蔬农作物种植对劳动力需求最高。 　　Harvest CROO Robotics 公司称其机器人1天可以收割8英亩农田，可以取代30名人工。 　　2017年6月，总部位于佛罗里达州的 Wish Farms 宣布将于2017年夏季采用 Harvest CROO Robotics 公司的草莓采摘机器人，称该机器人覆盖"超过六块植物床"，并搭载"16个单独采摘机器人"。 　　资料来源：https://harvestcroo.com/。

Hands Free Hectare是英国哈珀亚当斯大学（Harper Adams University）启动的一个项目，该项目使用开源技术将老旧农业设备转变为自动化设备，这些设备能在操作范围内不进行人为干预的情况下对1公顷的谷物作物进行耕地、播种、照管和收获。

他们正在使用已投放市场的小型机械，并在该大学的工程实验室中对这些机械进行改装，以适应自动化的农田操作。

该项目目前处于实施的第三年，正接受用于扩大规模的融资，并且已成功收获了两次大麦。

资料来源：http://www.handsfreehectare.com/。

4.2 物流

价值链中数据的访问和使用可以提高食品价值链的透明度、效率和恢复力，例如通过可追溯性、协助标准认证以及促进贸易物流链和边境加工等。为了监督食品安全，公共机构对整个食品价值链的可追溯性和透明性的需求日益增长。私营部门，尤其是食品加工商，其需求也在不断增长。他们希望改善规划和物流，支持追踪和跟踪，并证明其在零售层面上遵守可持续性要求以符合消费者偏好。保证透明度和可追溯性，需要管理越来越多的被大批经济活动参与者传递和使用的数据。

在回顾有关信息通信技术（ICT）对发展中国家农村地区影响的最新文献后，Deichmann、Goyal和Mishra（2016）得出结论，数字技术克服了阻碍许多小型农户市场准入的信息难题，通过提供扩展服务的新方式增加知识，并为农业供应链管理的改善提供新方法（AGRA，2017）。Aker在2011年针对非洲小型农户的研究表明，使用信息通信技术可节省大量时间和成本。在生产力的另一方面，如果没有诸如GPS、卫星和无人机监控等精准农业技术以及越来越详细和即时可用的天气和气候信息，现代大规模农业将变得不可想象（Oliver et al.，2010）。在分析信息通信技术对农业发展的影响方面存在两大困难。首先，信息通信技术不仅影响农业，还影响各类成果。由于信息通信技术以多种方式增加了经济机会，因此该技术也具有相当大的宏观经济影响（Gruber and Koutroumpis，2011）。其次，信息通信技术涵盖了许多不同类型的技术，从计算机和互联网到广播电视和手机，不胜枚举。因此，信息通信技术的影响因所使用专门技术的不同而存在很大差异（Nakasone et al.，2014）。但是，仍然存在一些限制因素：能否使用（高效的）运输和贸易基础设施仍然对获取高质量投入和出口市场（特别是易腐产品）至关重要（案例21）。

案例21　在印度，连接小农与市场的数字平台
小农协调平台
将小农与商品交易联系起来：印度的电子集市（e-Choupal）

e-Choupal是印度最大农产品出口商之一——印度帝国烟草股份有限公司（ITC）推出的一项方案，旨在将互联网与农民直接相连以购买农产品和水产养殖产品，例如大豆、小麦、咖啡和对虾。

开发e-Choupal模式是为了应对农场分散、基础设施薄弱和中介机构众多所带来的挑战。该平台在印度农村地区建立了互联网访问信息亭，为农民提供营销和农业信息。这有助于农民做出更明智的决策，并使农业产出更符合市场需求，从而增加农民收入。

该平台将农民与基础设施和门户网站相连接。一台接入互联网的"焦点农民"（"focal point farmer"）计算机可平均服务10个村庄，供600位农民使用。门户网站echoupal.com可提供专用服务：有关农业最佳实践的信息、市场价格、天气预报、新闻以及与印度帝国烟草股份有限公司农业专家的互动式问答环节。印度帝国烟草股份有限公司与银行合作，为农民提供信贷、保险和其他服务，还在生产中心附近建立了一个仓库网络，向农民提供农业投入并测试单个农场产量。农民获得信息可以帮助改善农作方式和产品质量，完善提高供应链效率的解决方案，使农民与商业市场联系起来，同时促进生产率的提高。互联农民联盟（Connected Farmer Alliance）是一个有效案例。

互联农民联盟是美国国际开发署（USAID）、沃达丰和TechnoServe之间的公私合作伙伴关系的产物，其目标是为小农提供移动解决方案的商业可行性，以帮助农户与农企合作并更好地管理自己的农作物和财务。互联农民联盟使用沃达丰（Vodafone）的M-Pesa移动货币解决方案，使农业企业能够与农民进行付款和贷款的交易。它使农企可以更好地管理农民数据，推动业务分析并通过信息共享与农民建立更深层的关系。

资料来源：http://www.itcportal.com/businesses/agri-business/e-choupal.aspx http://www.technoserve.org。

根据皮尤研究中心（Pew Research Center）对美国成年人的调查，美国人正将各类数字工具和平台融入其购买决策和购买习惯。该调查发现，79%的人使用在线购物，51%的人使用手机购物，15%的人通过社交媒体网站的链接购物[①]。全球移动通信系统协会（GSMA）估计，非洲多达85%的电子商务交易是"货到付款"，这标志着一种买方在货到后才付款的低信任度环境[②]。除了造成平台收费困难外，这显然还为买卖双方增加了成本和风险。

[①]　www.pewinternet.org/2016/12/19/online- shopping-and-e-commerce/.

[②]　www.gsma.com/mobilefordevelopment/ uncategorized/integrating-mobile-money- e-commerce-challenges-overcome/.

尽管数字商业在非洲尚处于初始阶段，但其使用范围正在扩大。万事达基金会（Mastercard Foundation）支持下的一项BFA计划——FIBR所做的研究表明，非洲的中小微企业（MSME）已转向在线发展。微型企业的企业家认为，在线市场远远超出了现实世界所能提供的。他们已经在使用社交媒体平台，特别是WhatsApp、Facebook和Instagram，虽然这些平台不是专门为数字商业促进其服务而设计的。同样，在线消费者和卖家在中国电子商务平台（例如全球速卖通）上的订购正在迅速增长。在一些非洲国家，移动货币无处不在，使得远程交易成为可能（万事达基金会，2019）。2017年，中国整体电子商务市场在销售额和增长方面均位居世界第一，远远超过了世界第二大电子商务市场美国（ADB，2018）。

经济的快速增长和良好的基础设施可能与数字商业发展互为因果，但以上两种因素确实扩大了数字商业的发展规模。此外，在中国，数字商业正在弥合城乡之间的数字鸿沟，阿里巴巴的农村淘宝战略——"农村淘宝"（企业区）就是证明。政府支持促进农村地区数字商务的努力很大程度上对农村消费而不是就业产生了积极影响（Couture et al.，2018）。在中国，电子商务的在线零售额达到9万亿元人民币（1.3万亿美元），同比增长23.9%。乡镇农村地区电子商务的收入增至1.4万亿元人民币，同比增长30.7%[1]（案例22）。

农村出口企业的所有者表示，电子商务扮演着重要角色，80%的企业使用数字工具和服务在国外进行商品和服务贸易。农村企业的首要出口目的地是欧盟（84%），其次是美国（45%）。此外，所有农村企业中有43%的企业专门通过自己的网站或第三方网站进行线上销售，其中电子商务化最高的两个行业是零售业（80%）和住宿餐饮业（71%）[2]。

即使在发达国家，农村地区也面临着限制。2013年，约有67%的美国农场可以使用互联网，但只有16%的农场采购了农业所需投入，14%的农场通过互联网进行营销活动（销售、拍卖、商品价格跟踪和在线市场咨询服务）。在英国，约有94%的农场可以访问互联网，其中只有约46%的农场使用互联网购买或销售农产品，而87%的农场表示他们使用互联网或计算机提交表格或进行银行业务[3]。

---

① https://equalocean.com/internet/20190301- cnnic-publishes-the-43rd-statistical- report-on-internet-development.

② www.information-age.com/rural- businesses-digital-technology-key- growth-123469962/.

③ https://assets.publishing.service.gov.uk/ government/uploads/system/uploads/ attachment_data/file/181701/defra-stats- foodfarm-environ-fps-statsrelease2012- computerusage-130320.pdf.

案例22　电子商务助力中国农村脱贫（淘宝村）

中国电子商务的迅猛发展已开始重塑生产和消费模式，并改变人们的日常生活。2014年，阿里巴巴集团与政府合作推出了"农村淘宝"计划，在更大程度上为农村居民提供更广泛的商品和服务，同时通过在线平台直接向城市消费者出售农产品来帮助农民增收。该计划包括以下四大内容：

①在县乡设立电子商务服务网络。

②通过从县到乡的"两阶段运送"运输包裹，改善乡村物流。

③提供电子商务培训，激发创业精神。

④通过阿里巴巴的子公司蚂蚁金服开发农村金融服务。

"农村淘宝"计划迅速从沿海地区扩展到了内陆省份，由2014年12个县的212个农村拓展至2018年1 000个县的30 000多个农村。95%以上的淘宝村集中在中国东部地区，特别是在浙江、广东和江苏等省份，但已开始向内陆地区延展，从2014年的4家店铺增加到2018年的100多家。

淘宝村的形成可大致分为3个阶段：

①1.0版的淘宝村主要是关于基层发展的。常常是那些从城返乡的具有独特创业技能的村民引导了在线商业的建立，并为其他村民提供了效仿模式。案例包括早期的淘宝村，例如江苏省的沙集镇。

②随着电子商务的发展和更多淘宝村的出现，2.0版的淘宝村获得了政府的支持，即地方政府在基础设施、电子商务培训和金融方面提供直接支持。案例包括广东省揭阳市。

③近年来，随着越来越多的淘宝村的建立，作为平台生态系统的3.0版淘宝村出现了地方政府以补贴的方式为专业的电子商务服务提供商和企业提供支持，与电子商务平台企业携手建立电子商务生态系统。对村民的专门支持举措包括培训和开发合适的本地在线产品和品牌，在工业基础薄弱、人力资本（创业精神和技能）更为受限的地区，这一过程是淘宝村的典型特征。案例包括贵州省的息烽县。

"农村淘宝"的主要活动包括建立和改善农村电子商务公共服务、促成农村电子商业供应链、提升农业与商业之间的联系以及加强电子商务培训。该计划迅速发展，到2018年已为1 016个示范县提供了支持，覆盖了737个贫困县（占总数的89%），其中包括137个极端贫困县（占总数的41%）。贫困县在示范县中所占比例从2014年的27%增至2015年的45%，在2016年所占比例达到65%，而在2017年和2018年，贫困县所占比例超过90%。

尽管需要进一步研究来明确和量化电子商务与家庭福利改善之间的关系，但许多传闻的案例表明，村民在参与电子商务后会获得财富并拥有更好的生活。妇女似乎尤其从中受益，女性在电子商务企业家中占比更大。电子商务中男女企业家的比例几乎相等，而传统行业企业中男女比例是3∶1。传统企业中女企业家的平均年龄为47.6岁，而电子商务女企业家则更年轻。在淘宝平台上，25～29岁的女性企业家占30%，18～24岁的女性企业家约占30%。电子商务女企业家的平均年龄为31.4岁。

淘宝村的成功事例表明，数字技术可以促进中国农村的包容性增长，降低了个人（包括受教育程度较低的人）为参与电子商务并获得增收而所需的技能门槛。淘宝村的经验引起了研究人员、政策制定者和私营企业的强烈兴趣，他们希望探索电子商务在脱贫和乡村振兴方面的作用。

资料来源：http://www.aliresearch.com/en/news/detail/id/21763.html。

水分　　63%

光照　　72%

植物生长进展　　8～10周

水温　　气温　　pH　　相对湿度　　IC　　CO$_2$

21℃　　25℃　　6.0　　60%　　1.2　　351毫克/升

气温　　水温

24℃　　22℃

第 5 章
结论和未来工作

随着数字化转型的持续发展，农业环境也在不断发生变化，最终转变为数字农业和智能农业。理解这些重大变化，有助于识别发展差距、风险、机会，以及这些因素如何驱动新的商业模式，如何采用新技术来改变数字时代经济、社会和环境各方面要素。时至今日，农业在向数字化迅速转型的过程中蓬勃发展，但与此同时小农户却被排斥在外，无论是从上网情况、电子知识素养来看，还是从令人担心的生产、经济和社会融合度看，城乡之间的数字鸿沟在日益扩大。

本章旨在区分农业数字化转型过程中的不同情形，列举了数字转型的基本条件，如基础设施和网络、用户支付能力、教育水平以及制度支持力度；也列举了推动因素所扮演的角色，在生产和决策过程中采纳并融合变化的因素；最后，借助案例、现有文献进行识别，就数字技术如何给农业带来巨大变化形成本篇报告。

第一项结论是农村和农业数字技术缺乏系统和官方的数据。考虑到所开展的工作，只收集了国家一级的数据，没有在城乡之间进行更细的区分，这导致农村现状的潜在前景和基础更为复杂。本书中大部分数据与电信服务（网络、互联网和移动服务）的连接性和覆盖范围的变量相对应，但没有列明这些数据的质量或不同群体的负担能力。重要的一点是，要注意到城区的含义（Dijkstra et al.，2018）[①] 尚不明确或至少有多种理解方式，因此，未来测量和数据收集需要更大的透明度。在教育或电子知识素养方面，信息是列入国家层面的，某些情况下是基于正规教育，因年龄组别不同而呈现分散化，但没有与数字教育相关联的次要信息。最后，就制度支持和监管框架而言，情况更加糟糕，这一因素成为政府服务的可获得性、网络连通性监管以及一些数据保护立法的代理。这种情况造成了严重的不利局面，以至于难以理解农村及农业的真实情况，无法有效地确定准确的评估结果。

第二项结论有关发达国家与发展中国家之间的差异，跨国公司与本土公司、群体或家族公司的差异。土地面积、成本和资金是决定农业技术采用率的经济因素。农民的受教育程度、年龄、社会群体和性别是影响农民采用现代农业技术的社会因素。部分大型农场主与跨国公司联系密切，有利于推动农场主采用数字技术，但同时也损害了小农的利益，农民在采用通信设施和访问互联网时通常面临额外的一些问题。

第三项结论是关于数字技术。数字技术本身具有强大的规模经济效益，需要更大的体量才能实现盈利，同时与其他技术的集成也会产生积极的影响。同样，这种现象使数字技术的应用达到最大规模，能够使以可持续方式采用和

---

① www.ilo.org/wcmsp5/groups/public/---dgreports/---stat/documents/ genericdocument/wcms_389373. pdf.

操作数字技术的公司更加集中和规模化，但也产生了准入壁垒。从这个意义上讲，小农户采用和使用数字技术时面临劣势，再次对小农户和欠发达国家产生了不利影响。从研究案例和背景来看，数字技术只要能够达到一定规模，就可以切实带来经济价值，这不仅使数字技术成为主要目标，而且经济可持续性也变得越来越重要。当然，政府、农民组织推广的数字技术仍有发展空间，但需要实现规模经济，能够提出新的解决方案，融合多种服务。

目前的挑战在于变革性创新和现代工具（例如精准农业）不适合小农户使用以提高农业系统的效率和可持续性。发展中国家的小农户面临着如何适应规模化种植的重要挑战。本章主要分析农业数字技术的整合、应用和利益（影响）。

5.1　加强扶持力量，连接边缘化社区和偏远社区

发展数字农业的前提是建设高度完善的数字技术设施，尤其是在农村。尽管数字鸿沟是发展中国家面临的重要问题，然而最新数据表明，世界各国人民相比几年前更易获得信息通信技术服务，这在中等收入国家最为明显。随着技术的进步和监管改革的推进，这一切都变得可能。正如特定技术（如拨号上网）的应用范围随着收入水平的提高而日益扩大，新技术（例如宽带）的出现也使发展中国家的用户不断"追赶"。

过去5年，亚太和非洲国家驱动着手机用户总量的不断增长，美洲和苏联国家手机用户的增长较少，欧洲和阿拉伯国家的手机用户则呈下降趋势。然而，很多人依然没有一部可用的手机。要特别注意手机用户的不断增长并不意味着城乡居民、不同性别和青年群体之间增长的比例相同，事实上，这存在着很大差距。时至今日，4G网络已取代2G成为世界主流通信技术，总用户已达34亿户，占全球人口的43%，但是农村的4G网络覆盖率依然有限，尤其是最不发达国家的农村只有约1/3的居民仅能够接受到3G信号。全球层面和不同地区之间的识字率也存在着巨大差距。21世纪之初，贫穷国家文盲人口达一半以上，在农村人口占多数的国家，农业劳动者经常不识字，最不发达国家的情况尤其突出。发展中国家的城乡识字率差距也很明显，城乡青年识字率差距较大的地区和最不发达国家通常青年识字的性别差距也很大。

当前青年失业率远远高于普通居民的平均失业率，在很多情况下是普通失业率的两倍多，特别是在农村地区。识字率、教育水平和失业在农村相互关联，这种关联程度在最不发达国家和发展中国家更为明显，因为这些国家的信息技术设施远远低于世界平均水平。为了减少未来劳动力供需的不平衡，发展数字技术至关重要。在数字化转型的过程中，很明显，雇主至少希望未来员工

不仅能熟练使用技术，并且还能相互实现融入、交流和协作。然而，小农户的生产率一直比较落后，再加上前所未有的人口增长，加剧了人们对当前青年一代的担忧——他们是否能够在农业和粮食行业之外不断寻找其他的就业机会？

为了释放数字农业转型的全部潜力，政府需要营造一个良好的监管环境并出台激励政策，实现数字农业生态系统的发展。并不是所有国家在数字化转型中都获得了成功，因为设计和管理一个数字化的政府项目需要很高的行政能力。迫切需要建立数字化政府的发展中国家也是数字化转型过程掌控能力最弱的国家。在数字化转型这一实践中，需要收集商业案例，将缩小数字鸿沟列为政策优先，也需要向小农户解释数字农业所产生的社会经济效益，才有可能将数字农业列为政策优先。因此，解决发展中国家的电子农业发展问题并缩小与发达国家之间的差距，一项有效的策略是将IT基础架构与社会、组织和政策的变化相结合。通过与私营部门建立联系，政府可以与公司和初创企业合作，充分挖掘数字农业策略的潜力，同时也需要农民和农业粮食行业的其他利益相关者参与进来，从数字化服务中来定义社会、经济和环境价值。

人们对基于数据的农业和数字相关服务的兴趣日益增加，使得农业供应部门之间的界限也日渐模糊，包括种子、作物保护、化肥、设备和经销等。尽管不久的将来可能不会出现明显的赢家，技术行业的新生力量以及思路敏捷的初创企业家已经在寻找改变竞争格局的方法。实际上，庞大的数据收集行动推动了新科学领域的发展，而这些新科学领域通常由机器学习和AI驱动。为了使数据有价值且可操作，需要开发新模型。然而，将小农农业转变为可行且可持续发展的商业模式，现有信息还不足以汇编成综合的解决方案并建立全面的伙伴关系。鉴于某些制造商会在其设备中收集数据并找机会加以利用，因此所有国家都要保持自己的立场。农民也充分意识到了这个问题，因此，在没有得到任何回报的前提下，他们不愿分享数据。换句话说，数据的有效利用需要一定程度的普及化，即数据共享。

5.2 解锁数字农业转型的驱动力和内在要求

发展中国家的居民上网机会比较少，识字率普遍较低，而且缺乏基本的数字技能，能够获得上网机会依然是解锁新技术的最关键因素。实现互联网全球普及的目标依然是一个有待解决的课题。掌握移动通信技术和使用互联网机会存在的不平等现象已嵌入性别鸿沟的结构中，并有可能加剧女性所面临的不平等。比如，移动通信技术的发展大大增加了社交媒体的影响力。纵观全球，就上网总时长来计算，移动设备占主导地位，用户可以随时随地在任何移动设备上建立联系，但农民用户依然处于边缘地位。尽管全球农村和偏远地区的互联网、手机等通信设备的使用量迅速增长，但农村互联网和社交媒体使用情况的相关数据，目前研究还很少。

手机（尤其是智能手机）改变了最不发达国家和发展中国家农业粮食行业的"游戏规则"。近年来，移动通信成本和互联网价格不断下降，同时年轻用户数量不断增加，这使通信技术与农业融合得更为紧密，可通过移动应用程序、视频和社交媒体提供数字化服务和信息，而且获取网络服务的机会也更开放。实际上像Facebook、Twitter、YouTube等网站是一种经济有效的手段，可在小农户中传播信息并获得支持。除农民外，其他主要的农业利益相关者，如农业推广官员、农业经销商、零售商、农业研究人员和政策制定者等，都是潜在的目标用户。然而，并不是所有农民都能以一种快捷的方式获取信息通信工具，依然存在一些需要克服的限制条件，其中之一就是通过ICT分享的信息内容。一门新技术不论多么新鲜刺激，如果不能向农民提供实际所需的信息，那这类技术就不会被采用。影响农民生产和市场决策的信息一定会成为焦点信息。女性用户目前面临着这类问题，但由男性设计的设备和应用程序往往忽视了女性的优先事项和需求，在某些情况下可能会阻止女性使用甚至引发安全问题。此外，ICT在农业领域的应用尚处于起步阶段，很多农民虽然不太了解ICT，但迫切需要获取ICT的服务，即使在较发达的经济体中，农业粮食领域的ICT应用也处于起步阶段，许多电子服务仍在开发中。

采用先进的数字技术主要面临以下两方面的制约因素：一是缺乏统一的标准，二是系统之间数据交换受限，这两方面阻碍了不同厂家和不同品牌的机器和设备的推广使用。此外，部分农民渴望采用更为先进的技术，但关于如何投资却无法获得独立的咨询服务。大多数农民和政府高级推广官员尚不具备数字技能，造成对引用精准农业技术的担忧。发达国家、发展中国家都比较重视数字技能。显然，能在教育中引入信息通信技术的国家其电子识字率也比较高，有机会使用数字化工具和互联网，可承担相应成本，因此在掌握数字技能方面表现较好。然而，农村居民在掌控数字技能的过程中往往落后一步。

数字技术正在重塑农业粮食行业的动态结构，然而依然面临一些待解决的问题：缺乏总体规划，经营者不清楚如何利用数字农业带来的机会，对创新的需求认识不足，尚未形成推动数字化转型的系统性方法。数字农业的发展需要农业价值链各方的密切协作来充分挖掘其潜力。当今世界，普通人受教育的机会越来越多，也具备创新所需的廉价工具。创新基地也在日益靠近农民群体，这是因为众多农民聚集在一起产生的智慧远远超过单一个体，且农民还具备投资和协作的潜力。

日益涌入农业行业的青年一代拥有专业的大学学位和专业技能，这有利于农业科技的发展。这批新生代勇于创新、乐于尝试。然而，为了满足青年一代的需求，公共部门和私营部门需要积极行动，营造一种创新的环境和可持续的数字生态系统，从而既能为农业和粮食行业留住数字人才，也能培养数字人才。投身于农业粮食行业的青年群体越来越具有企业家精神，并学会了考量冒险后开办企业。此外，具备企业家资质的小型农民数量日益增加。然而，对农业企业活动的支持力度不够成为一种限制因素。在农业课程和信息通信技术（ICT）课程设置中缺少商业课程，创新中心和企业孵化器缺乏运营能力和可持续性，风险资本的可获得性有限（尤其是规模扩张所需的中级融资）以及总体上不利的商业环境等，构成了数字农业企业家进入可持续数字生态系统的主要限制因素。对包括投资者在内的许多利益相关者而言，数字农业作为一个新兴市场的潜力尚未明确，因此这一群体也受到上述挑战的影响。

数字农业青年企业家的崛起即将到来。对于具有企业家精神的年轻人（尤其是那些尚未活跃于农业和粮食领域的企业家），数字农业的发展将带来巨大的机遇。是时候应该让青年农业企业家发挥自身潜能，从而推动数字创新企业的不断发展。

5.3　农业数字化转型过程中的影响、风险和利益

农业的数字化转型会为经济、社会和环境带来一系列影响，某些情况下使收入增加、生产率提高、市场放宽/扩大、风险降低、包容性增加、环境得到改善等，目前这方面的证据尚不完整。在个别独立的案例中，在取得积极成果的基础上也对其存在的影响（区域、作物、社会和经济现状等）和争议进行了衡量，但也要注意到其他案例显示的相反效果。这并不矛盾，因为进行分析的现实情况往往有所不同，控制变量也不同或未合并。因此，尽管产生了积极的经济、社会和环境影响，但尚不能构成结论，需要付出更多的努力来收集实质性证据。

在最普遍和广泛应用的技术领域（如计算机和手机），有证据表明推行带有价格信息的移动应用程序有助于减少价格的市场波动，也有利于小农户增加产量和收入。经济层面的其他影响表现为：①能够在作物生长阶段、虫害发生、粮食歉收、气候变化适应等方面给予农民支持；②提供准确及时的天气信息和农业宣传信息，帮助农民就成本投入做出正确的预判，降低灌溉、农药和化肥的投入成本；③改善粮食损失和浪费的状况；④移动技术和数字创新为农村青年和不同性别群体带来机遇。同时，手机智能技术的普及还能提升家庭生活水平、促进性别平等、改善农村的营养状况，尤其是女性也能使用智能手机时，这种改观更为明显。女性似乎从手机智能技术中获得了不成比

例的收益，但考虑到女性通常在进入市场和获得信息方面受到的特别限制，这也是合理的。

精准农业（PA）是物联网在农业领域中最著名的应用程序之一，全球众多组织都在应用此项技术。有证据表明，在播种和施肥期间引入监测系统可节省种子、肥料和拖拉机燃料成本，并减少田间作业的劳作时间，减轻温室气体的排放。同时，变量投入技术（VRT）能够及时报告灌溉系统的节水情况，提高生产率并降低农药的使用量。无人机的采用也可产生经济效益，尤其是在节约用水、减少劳动力投入和物质资料投入等层面表现突出。精准农业及其中包含的所有技术，为农业行业带来了最大的经济利益。但是，这种技术的应用需要很大的土地规模和很高的资金投入，这导致小农被排除在收益之外。另一方面，这些技术的应用也使农业生产效率大大提高，尤其是需要雇人的农业操作，总体需要的劳动力越来越少。

诸如区块链、人工智能和机器人等应用范围更广的技术也具有巨大的潜在经济利益，并在实现粮食安全中得到了应用。例如，某些情况下将区块链用于食物链的可追溯性，大大减少了对不良食物的检测工作量，从而可以及早有效地做出反应。这些类型的应用程序可以为消费者提供更多的信息，有助于进一步了解食品生产中投入物的来源和用途，也为用户带来了一定的竞争优势。人工智能及相关技术正日益改善农业资源的利用现状，并通过预测模型做出判断，维持着全天候的监控，最终不断提高农业和粮食的生产效率、质量并改善环境。农业机器人（有时称为农用机器人）被用于苗圃培苗、放牧、施肥或收获水果。这些机器人的投入使用有望降低生产成本，提高农产品质量并改善肥料、水和土壤的使用方式，同时还大大减少了农业劳作中的人工成本。然而，这些新技术不仅需要投入资金、扩大农场面积，而且也需要与其他技术、操作流程以及各利益相关方的高度融合。通过分析这种生产方式，新技术的潜在利益显而易见，除了对劳动力产生直接的影响外，还能间接提供服务。尽管如此，新技术却将小农户和不具备条件的农户排除在外。

最后，需要注意的是数字技术正在生成大量数据，这些数据将被存储起来为农业活动提供支撑。但如何规范数据的使用、保护用户隐私、相互之间进行恰当操作，目前依然缺乏完善的监管框架。这是一项必须解决的问题，需要足够的重视来实现预期效果。

5.4 未来工作

工作开展过程中产生的问题往往多于答案，再加上数字系统和官方数据也存在着一定的局限性，因此有必要建立一条工作专线来实现数据的系统化，这类数据涉及国家层面尤其是农村数字技术风险的识别、数字技术带来的机遇、造成的差距以及可持续性等。

鉴别不同的工作模式，保证小农户借助这一模式融入数字化转型的过程中。一方面需要改善基础设施、提高教育质量、完善监管体系，另一方面需要发展商业，帮小农户建立盈利且可持续的发展模式。从这个意义上讲，需要收集更多的证据来鉴别数字技术在农业和农村产生的经济、社会和环境影响。这又开辟了一个重要的工作领域，不仅是为了收集更多的证据，同时也为了助力小农户在数字化转型大潮中实现跨越式发展。

我们考虑创建一种工作机制：在考虑经济、社会和环境影响的基础上，在基本要素和推动要素发挥作用的阶段中，将农业数字技术的技巧性与此项工作蕴含的文化、教育和制度元素相融合。在FAO欧洲区域办公室和中亚区域办公室2015年全年工作的基础上，这将会进一步推动《数字农业准备指数》的不断完善。该指数可为FAO成员未来数字农业战略的实施提供参考，即首先使各成员意识到数字农业的概念以及数字技术对农业粮食行业的重要性，然后不断朝着数字农业转型的过程迈进。

参考文献

ABS. 2017a. *Business Use of Information Technology*, 2015–16, cat. no. 8129.0, Australian Bureau of Statistics, July.

ABS. 2017b. *Summary of IT Use and Innovation in Australian Business, 2016–17*, cat. no. 8166.001, Australian Bureau of Statistics, June.

Acemoglu, D., Johnson, S., Robinson, J.A. & Thaicharoen, Y. 2003. Institutional causes, macroeconomic symptoms. *Journal of Monetary Economics*, 50(1): 49–123.

ADB. 2012. *ICT in Education in Central and West Asia*. Manila: Asian Development Bank.

ADB. 2018. *Internet Plus Agriculture: A New Engine for Rural Economic Growth in the People's Republic of China*. Manila: Asian Development Bank.

AgFunder. 2017. *AgFunder Agri Food Tech: Investing report 2017*. San Francisco: AgFunder.

AgFunder. 2018. *AgFunder Agri Food Tech: Investing report 2018*. San Francisco: AgFunder.

AGRA. 2017. Africa Agriculture Status Report: *The Business of Smallholder Agriculture in Sub-Saharan Africa (Issue 5)*. Nairobi: Alliance for a Green Revolution in Africa.

Aker, J. 2011. Dial "A" for Agriculture: Using ICTs for agricultural extension in developing countries. *Agricultural Economics*, 42(6): 31–47.

Aker, J. & Mbiti, I. 2010. Mobile-phones and economic development in Africa. *Journal of Economic Perspectives*, 24(3): 207–232.

Alexandratos, N. & Bruinsma, J. 2012. *World agriculture towards 2030/2050: the 2012 revision*. ESA Working Paper No. 12–03. Rome, FAO.

Alliance for Affordable Internet. 2018. *Affordability Report 2018*. Washington D. C.: World Wide Web Foundation.

Andres, D. & Woodard, J. 2013. *Social Media Handbook for Agricultural Development Practitioners*. USAID and FHI 360.

App Annie. 2019. *The State of Mobile 2019*. San Francisco: App Annie.

Asongu, S. 2015. The impact of mobile phone penetration on African inequality. *International Journal of Social Economics*, 42(8): 706–716.

Bai, Z.G., Dent, D.L., Olsson, L. & Schaepman, M.E. 2008. *Global assessment of land degradation and improvement, Identification by remote sensing*. Report 2008/01, ISRIC – World Soil Information, Wageningen: WUR.

Balafoutis, A., Beck, B., Fountas, S., Vangeyte, J., van der Wal, T., Soto, I., Gómez-Barbero, M., Barnes, A. & Eory, V. 2017. Precision agriculture technologies positively contributing to GHG emissions mitigation, farm productivity and economics. *Sustainability*, 9: 1–28.

Batte, M.T. & Ehsani, M.R. 2006. The economics of precision guidance with auto-boom control for farmer-owned agricultural sprayers. *Comput Electron Agric*, 53: 28–44.

Baumüller, H. 2015. Assessing the role of mobile phones in offering price information and market linkages: the case of m-farm in Kenya. *EJISDC*, 68(6): 116.

Bekkali, A., Sanson, H., & Matsumoto, M. 2007. Rfid indoor positioning based on probabilistic rfid map and kalman filtering. In *Wireless and Mobile Computing, Networking and Communications, Third IEEE International Conference*, pp. 21–21.

Bell, M. 2015. *Information and Communication Technologies within Agricultural Extension and Advisory Services ICT – Powering Behavior Change in Agricultural Extension*. MEAS Brief October 2015, University of California, Davis.

Bentley, J., Van Mele, P., Zoundji, G. & Guindo, S. 2014. *Social innovations triggered by videos: Evidence from Mali*. Agro-Insight Publications. Ghent, Belgium.

Bergtold, J.S., Raper, R.L. & Schwab, E.B. 2009. The economic benefit of improving the proximity of tillage and planting operations in cotton production with automatic steering. *Applied Engineering Agriculture*, 25: 133–143.

Bhargava, K., Ivanov, S. & Donnelly, W. 2015. *Internet of Nano Things for Dairy Farming*. DOI: 10.1145/2800795.2800830

Bhattacharjee, S. and Saravanan, R. 2016. *Social Media: Shaping the Future of Agricultural Extension and Advisory Services*. GFRAS Interest Group on ICT4RAS discussion paper, GFRAS: Lindau, Switzerland.

Biermacher, J.T., Epplin, F.M., Brorsen, B.W., Solie, J.B. & Raun, W.R. 2009. Economic feasibility of sitespecific optical sensing for managing nitrogen fertilizer for growing wheat. *Precision Agriculture*, 10: 213–230.

Binch A. & Fox C. 2017. Controlled comparison of machine vision algorithms for Rumex and Urtica detection in grassland. *Computers and Electronics in Agriculture*, 140: 123–138.

Boekestijn, V., Schwarz, C., Venselaar, E. & De Vries, A. 2017. *The Role of Mobile Phone Services in Development: From Knowledge Gaps to Knowledge Apps*. Policy Brief for the United Nations Policy Analysis Branch, Division for Sustainable Development.

Booker, J.D., Lascano, R.J., Molling, C.C., Zartman, R.E. & Acosta-Martínez, V. 2015. Temporal and spatial simulation of production-scale irrigated cotton systems. *Precis Agric*, 16: 630–653.

Bora, G.C., Nowatzki, J.F. & Roberts, D.C. 2012. Energy savings by adopting precision agriculture in rural USA. *Energy Sustainable Society* , 2(22).

Boyer, C. N., Brorsen, B.W, Solie, J.B. & Raun, W.R.. 2011. Profitability of variable rate nitrogen application in wheat production. *Precision Agric*, 12: 473-487.

Burwood-Taylor, L., Leclerc, R. & Tilney, M. 2016. *AgTech investing report: Year in review 2015.* February 2016.

Carr, C. T. & Hayes, R.A. 2015. Social media: defining, developing, and divining. *Atlantic Journal of Communication*, 23(1): 46–65.

Castle, M., Lubben, D.B. & Luck, J. 2015. *Precision Agriculture Usage and Big Agriculture Data.* Cornhusker Economics. Lincoln: University of Nebraska–Lincoln Extension.

CEPLSTAT. 2019. *Statistics and Indicators Database.* Santiago: Economic Commission for Latin America and Caribbean [Data retrieved May, 2019].

Chair, C. & De Lannoy, A. 2018. *Youth Deprivation and the Internet in Africa.* Policy Paper no. 4, Series 5. Cape Town: Research ICT Africa.

Chen, Y., Ozkan, H.E., Zhu, H., Derksen, R.C. & Krause, C.R. 2013. Spray deposition inside tree canopies from a newly developed variable-rate air-assisted sprayer. *Tran ASABE*, 56: 1263–1272.

CNNIC. 2017. *Statistical Report on Internet Development in China.* Beijing: China Internet Network Information Center.

Coldiretti. 2018. *Report for the agrifood forum of Cernobbio 2018.* Trieste: Instituto Ixe Srl [In Italian].

Costopoulou, C., Ntaliani, M. & Karetsos, S. 2016. Studying mobile apps for agriculture. *Journal of Mobile Computing & Application*, 3(6): 1–6.

Couture, V., Faber B., Gu Y. & Liu L. 2018. E-Commerce integration and economic development: evidence from China. No. w24384. National Bureau of Economic Research.

CSO. 2018. *Women and men in India (A statistical compilation of gender related indicators in India).* New Delhi: Central Statistics Office, Ministry of Statistics and Programme Implementation Government of India.

Dammer, K.-H. & Adamek, R. 2012. Sensor-based insecticide spraying to control cereal aphids and preserve lady beetles. *Agron J*, 104: 1694-1701.

Deen-Swarray, M. & Chair, C. 2016. *Digitised African youth? Assessing access and use of mobile technology by African youth between 2008–2012.* Presented at CPR South 2016, Zanzibar.

Deichmann, U. Goyal, A. & Mishra, D. 2016. *Will Digital Technologies Transform Agriculture in Developing Countries? Policy Research Working Paper 76–69.* World Bank World Development Report Team & Development Research Group Environment and Energy Team.

Diem, K.G., Hino, J., Martin, D. & Meisenbach, T. 2011. Is extension ready to adopt technology for delivering programs and reaching new audiences? *Journal of Extension*, 49(6).

Digital Green. 2017. *Annual Report 2017.* New Delhi: Digital Green.

Dijkstra, L., Florczyk, A. Freire, S., Kemper, T. & Pesaresi, M. 2018. *Applying the degree of urbanisation to the globe: A new harmonised definition revals a different picture of global urbanisation*. Working Paper prepared for the 16th Conference of the International Association of Official Statisticians (IAOS) OECD Headquarters, Paris, France, 19–21 September 2018.

Disrupt Africa. 2018. *African tech startups funding report 2018*.

Divanbeigi, R. & Ramalho, R. 2015. *Business Regulations and Growth*. World Bank Global Indicators Group. Policy Research Working Paper 7299. Washington D. C.: World Bank.

Downes, L. 2009. *The Laws of Disruption: Harnessing the New Forces that Govern Life and Business in the Digital Age*. Basic Books.

Dryancour, G. 2017. *Smart agriculture for all farms, what needs to be done to help small farms access precision agriculture? How can the next CAP help?* CEMA's 3rd Position Paper on the future of the CAP, November 2017.

Dufty, N. & Jackson, T. 2018. *Information and communication technology use in Australian agriculture*. ABARES research report 18.15. Canberra: Australian Bureau of Agricultural and Resource Economics and Sciences.

Dye, T.K., Richards, C.J., Burciaga-Robles, L.O., Krehbiel, C.R. 2007. Step efficacy of rumen temperature boluses for health monitoring. *J Dairy Sci*, 90 (Suppl. 1): 255.

EBA, World Bank. 2017. *Enabling the Business of Agriculture 2017*. Washington D. C.: World Bank.

Ebongue, J.L. 2015. *Rethinking Network Connectivity in Rural Communities in Cameroon*, In (Eds) Cunningham, P. and Cunningham M.: IST-Africa 2015 Conference Proceedings.

ECLAC. 2012. *Agriculture and ICT*. Newsletter, March 2012. Santiago: Economic Commission for Latin America and Caribbean.

ECLAC. 2017. *State of Broadband in Latin America and the Caribbean*. Santiago: Economic Commission for Latin America and Caribbean.

Eichler Inwood, S.E. & Dale, V.H. 2019. State of apps targeting management for sustainability of agricultural landscapes. A review. *Agronomy for Sustainable Development*, 39(8).

Eifert, B.P. 2009. *Do Regulatory Reforms Stimulate Investment and Growth? Evidence from the Doing Business Data, 2003–07*. CGD Working Paper No. 159. Washington D. C.: World Bank.

Eilu, E. 2018. An assessment of mobile internet usage in a rural setting of a developing country. *International Journal of Mobile Computing and Multimedia Communications*, 9(2): 47–59.

European Commission. 2017a. *Dynamic Mapping of Web Entrepreneurs and Startups Ecosystem Project*. Brussels: Directorate General of Communications Networks, Content and Technology.

European Commission. 2017b. *Digital Transformation Monitor: The need to transform local populations into digital talent*. Brussels: European Commission.

European Commission. 2018. *Broadband Coverage in Europe in 2017*. Brussels: European Commission.

European Commission. 2019. *2nd Survey of Schools: ICT in Education Objective 1: Benchmark progress in ICT in schools*. Brussels: European Commission.

European Parliament. 2014. *Precision agriculture, an opportunity for EU farmers: Potential support with the CAP 2014-2020*. Directorate General for Internal Policies. Brussels: European Parliament.

European Parliament. 2015. *ICT in the developing world*. Brussels: European Parliamentary Research Service.

European Parliament. 2016. *Precision agriculture and the future of farming in Europe*. Brussels: European Parliamentary Research Service.

European Parliament. 2018. *The underlying causes of the digital gender gap and possible solutions for enhanced digital inclusion of women and girls: Women's rights and gender equality*. Directorate General for Internal Policies. Brussels: European Parliament.

Eurostat. 2017a. *Farmers in the EU – statistics*. Brussels: European Union.

Eurostat. 2017b. *Eurostat regional yearbook*. Brussels: European Union.

Eurostat. 2018a. *Digital economy and society statistics - households and individuals*. Brussels: European Union.

Eurostat. 2018b. *Statistics on rural areas in the EU*. Brussels: European Union.

Eurostat. 2019. *Various statistics*. Brussels: European Union.

Evans, R.G. & King, B.A. 2012. Site-specific sprinkler irrigation in a water-limited future. *Tran ASABE*, 55: 493–504.

Evans, R.G., LaRue, J., Stone, K.C. & King, B.A. 2013. Adoption of site-specific variable rate sprinkler irrigation systems. *Irrig Sci*, 31: 871–887.

FACE. 2017. *Consolidated report on situational analysis for ICT in AE in V4 and WBC. Project AEWB-ICT*. Skopje: Foundation Agri-Center for Education.

FAO. 2014. *Developing sustainable food value chains – Guiding principles*. Rome: FAO.

FAO. 2015. *Success stories on information and communication technologies for rural development*. RAP Publication 2015/02. Bangkok: FAO Regional Office for Asia and the Pacific.

FAO. 2017. *Information and Communication Technology (ICT) in Agriculture: A Report to the G20 Agricultural Deputies*. Rome: FAO.

FAO. 2018. *Shaping the future of livestock sustainably, responsibly, efficiently*. The 10th Global Forum for Food and Agriculture (GFFA) Berlin, 18–20 January 2018.

FAO. 2018. *Status of implementation of e-Agriculture in Central and Eastern Europe and Central Asia: Insights from selected countries in Europe and Central Asia*. Budapest: FAO Regional

Office for Europe and Central Asia.

FAO. 2018. *Status of Implementation of e-Agriculture in Central and Eastern Europe and Central Asia: Insights from selected countries in Europe and Central Asia.* Budapest, FAO Regional Office for Europe and Central Asia.

Farid, Z., Nordin, R. & Ismail, M. 2013. Recent Advances in Wireless Indoor Localization Techniques and System. *Journal of Computer Networks and Communications*, 10.1155/2013/185138.

Filmer, D. & Fox, L., 2014. *Youth Employment in Sub- Saharan Africa.* Washington D. C.: The World Bank.

FITEL. 2016. *New Approach to Rural Connectivity: The Case of Peru.* Lima: Ministry of Transport and Communication.

Fuess, L.C. 2011. *An Analysis and Recommendations of the Use of Social Media within the Cooperative Extension System: Opportunities, Risks and Barriers* (Honours Thesis). College of Agriculture and Life Sciences. Ithaca: Cornell University.

Futch, M. & McIntosh, C. 2009. Tracking the Introduction of the Village Phone Product in Rwanda. *Information Technologies and International Development.*

Gerhards, R., Sökefeld, M., Timmermann, C., Reichart, S., Kühbauch, W. & Williams, M.M. 1999. Results of a four-year study on site-specific herbicide application. In Proceedings of the 2nd European Conference on Precision Agriculture, Odense, Denmark, 11–15 July 1999, pp. 689–697.

Gharis, L.W., Bardon, R.E., Evans, J.L., Hubbard, W.G. & Taylor, E. 2014. Expanding the reach of extension through social media. *Journal of Extension*, 52(3): 111.

Goldman Sachs. 2016. *Profiles in innovation. Precision farming, Cheating Malthus with digital agriculture.* New York: Goldman Sachs Global Investment Research.

Grisso, R., Alley, M. & Groover, G. 2009. *Precision Farming Tools: GPS Navigation.* Virginia Cooperative Extension.

Gruber, H. & Koutroumpis, P. 2011. Mobile telecommunications and the impact on economic development. *Economic Policy*, 26(67): 387–426.

GSA GNSS. 2013. *GNSS Market report – Issue 3.* Prague: European Global Navigation Satellite Systems Agency.

GSA GNSS. 2018. *Report on agriculture user needs and requirements: Outcome of the European GNSS' user consultation platform.* Prague: European Global Navigation Satellite Systems Agency.

GSMA. 2017. *Connected Society Unlocking Rural Coverage: Enablers for commercially sustainable mobile network expansion.* London: GSMA Intelligence.

GSMA. 2017. *State of the Industry Report on Mobile Money*. London: GSMA Intelligence.

GSMA. 2018a. *The Mobile Economy, Sub-Saharan Africa*. London: GSMA Intelligence.

GSMA. 2018b. *The Mobile Economy, West Africa*. London: GSMA Intelligence.

GSMA. 2018c. *Enabling Rural Coverage: Regulatory and policy recommendations to foster mobile broadband coverage in developing countries*. London: GSMA Intelligence.

GSMA. 2018d. *State of Mobile Internet Connectivity 2018*. London: GSMA Intelligence.

GSMA. 2019. *The Mobile Economy*. London: GSMA Intelligence.

Gu, Y., Lo, A. & Niemegeers, I. 2009. A survey of indoor positioning systems for wireless personal networks. communications surveys & tutorials, IEEE, 11: 1332. 10.1109/SURV.2009.090103.

Hahn, H.P. & Kibora, L. 2008. The domestication of the mobile phone: Oral society and new ICT in Burkina Faso. *The Journal of Modern African Studies*, 46(1): 87–109.

Heege, H. (Ed.). 2013. *Precision in crop farming*. Dordrecht: Springer.

Holland, K.J., Erickson, B. & Widmar, A.D. 2014. 2013 *Precision agriculture dealership services survey*. West Lafayette: Purdue University.

Hootsuite and We are social. 2019. *Digital 2019: Essential insights into how people around the world use the internet, mobile devices, social media and e-commerce*. Vancouver: Hootsuite.

Huawei. 2015. *The connected farm: A smart agriculture market assessment*. Shenzhen: Huawei.

Hungi, H. 2011. *Characteristics of school heads and their schools*. Working Paper, September 2011. SCAMEQ.

HydroSense. 2013. Innovative precision technologies for optimised irrigation and integrated crop management in a water-limited agrosystem; LIFE+PROJECT; LIFE08 ENV/GR/000570; Best LIFE Projects: Athens, Greece.

IDC. 2019. *Worldwide Semiannual Blockchain Spending Guide*. Framingham: International Data Corp.

IDRC. 2015. Africa's Young Entrepreneurs: Unlocking the potential for a brighter future.

ILO. 2016. *Trabajar en el campo en el siglo XXI. Realidad y perspectivas del empleo rural en América Latina y el Caribe*. Lima: Regional Office for Latin America and Caribbean [in Spanish].

ILO. 2017. *Visualizing Labour Markets: A Quick Guide to Charting Labour Statistics*. Geneva: International Labour Organization.

ILOSTAT. 2018. *ILO Labour Force Estimates and Projections (LFEP) 2018: Key Trends*. Geneva: International Labour Organization.

ILOSTAT. 2019. *Employment database*. Geneva: International Labour Organization [Data retrieved May 2019].

ILOSTAT. 2019. *Labour Market Access - A Persistent Challenge for youth Around the World: A study Based on ILO's Global Estimates for Youth Labour Market Indicators*. Geneva: International Labour Organization.

IMD and CISCO. 2015. *Digital Vortex: How Digital Disruption Is Redefining Industries*. Lausanne: Global Center for Digital Business Transformation.

Isenberg, S. 2019. *Investing in information and communication technologies to reach gender equality and empower rural women*. Rome, FAO. 72 pp.

ITU. 2015. *Measuring Information Society Report*. Geneva: ITU.

ITU. 2016. *Measuring Information Society Report*. Geneva: ITU.

ITU. 2017. *Measuring the Information Society Report: Volume 2, ICT country profiles*. Geneva: ITU.

ITU. 2018. *Measuring the Information Society Report: Volume 1*. Geneva: ITU.

ITU and UN-Habitat. 2012. *United Nations: Youth and ICT*. Geneva: ITU.

Jakku, E., Taylor, B., Fleming, A., Mason, C., Fielke, S., Sounness, C. & Thorburn, P. 2018. "If they don't tell us what they do with it, why would we trust them?" Trust, transparency and benefit-sharing in Smart Farming. *NJAS - Wageningen Journal of Life Sciences*, November 2018.

Jensen, H.G., Jacobsen, L.B., Pedersen, S.M. & Tavella, E. 2012. Socioeconomic impact of widespread adoption of precision farming and controlled traffic systems in Denmark. *Precision Agriculture*, 13: 661–677.

Jere, N. & Erastus, L. 2015. *An analysis of current ICT trends for sustainable strategic plan for southern Africa*. Proceedings of IST-Africa Conference. Lilongwe, Malawi. 6–8 May 2015.

Kahan, D. 2012. *Entrepreneurship in farming*. Rome: FAO.

Kamilaris, A. & Prenafeta-Boldu, F.X. 2018. Deep learning in agriculture: a survey. *Computers and Electronics in Agriculture*, 147: 70–90.

Kantar-IMRB. 2017. *Mobile Internet Report*. Mumbai: Internet and Mobile Association of India.

Kleine, D. 2013. *Technologies of choice? ICTs, development, and the capabilities approach*. Cambridge, MA: MIT Press.

Knight, S., Miller, P. & Orson, J. 2009. An up-to- date cost/benefit analysis of precision farming techniques to guide growers of cereals and oilseeds. *HGCA Research Review*, 71: 115.

Lambert, D. & Lowenberg-De Boer, J. 2000. *Precision agriculture profitability review*. Purdue University: West Lafayette, IN, USA.

La Rose, R., Strover, S., Gregg, J. & Straubhaar, J. 2011. The impact of rural broadband development: Lessons from a natural field experiment. *Government Information Quarterly*, 28(1): 91–100.

La Rua, J. & Evans, R. 2012. Considerations for variable rate irrigation. In Proceedings of the 24th Annual Central Plains Irrigation Conference, Colby, Kansas, USA, 21–22 February 2012.

Liakos, G., Busato, P., Moshou, D., Pearson, S. & Bochtis, D. 2018. Machine learning in agriculture: a review. *Sensors*, 18: 2674.

Lioutas, E.D., Charatsari, C., La Rocca, G. & De Rosa, M. 2019. Key questions on the use of big data in farming: An activity theory approach. *NJAS - Wageningen Journal of Life Sciences*, April 2019.

Liu, Y., Swinton, S.M. & Miller, N.R. 2006. Is site-specific yield response consistent over time? Does it pay? *American Journal of Agricultural Economics*, 88: 471– 483.

Lucas, C.F. 2011. *An analysis and recommendations of the use of social media within the Co-operative extension system: Opportunities, Risks and Barriers* (Honors Thesis). College of Agriculture, Life Sciences. Ithaca: Cornell University.

Mamo, M., Malzer, G.L., Mulla, D.J., Huggins, D.R. & Strock, J. 2003. Spatial and temporal variation in economically optimum nitrogen rate for corn. *Agron J*, 95: 958–964.

Maksimovi , M., Vujovic, Vl. & Omanovic-Miklicanin, E. 2015. *A Low Cost Internet of Things Solution for Traceability and Monitoring Food Safety During Transportation*.

Mastercard Foundation. 2019. *Digital Commerce and Youth Employment in Africa*. Toronto: Mastercard Foundation.

Mathiassen, S.K., Bak, T., Christensen, S. & Kudsk P. 2006. The effect of laser treatment as a weed control method. *Biosystems Engineering*, 95(4): 497–505.

McKinsey & Co. 2013. *Lions go digital: The Internet's transformative potential in Africa*. New York: McKinsey Global Institute.

McKinsey & Co. 2014. *Offline and falling behind: Barriers to Internet adoption*. New York: McKinsey and Company.

McKinsey & Co. 2016a. *Transforming government through digitization*. New York: McKinsey and Company.

McKinsey & Co. 2016b. *Digital by default: A guide to transforming government*. New York: McKinsey Center for Government.

McKinsey & Co. 2016c. *Digital Europe: Pushing the frontier, capturing the benefits*. New York: McKinsey Global Institute.

Meena, K.C., Chand, S. & Meena, N.R. 2013. Impact of social media in sharing information on issues related to agriculture among researchers and extension professionals. *Adv Appl Res*, 5(2): 166–169.

Merotto, D., Weber, M. & Reyes, A. 2018. *Pathways to Better Jobs in IDA Countries: Findings from Jobs Diagnostics*. Washington D. C.: The World Bank.

Metcalfe, S. & Ramlogan, R. 2008. Innovation systems and the competitive process in developing economies. *The Quarterly Review of Economics and Finance*, 48(2): 433–446.

Mittal, S. 2016. Role of mobile phone enabled climate information services in gender-inclusive agriculture. *Gender, Technology and Development*, 20(2): 200–217.

Mittal, S. & Mehar, M. 2012. How mobile phones contribute to growth of small farmers? evidence from India. *Quarterly Journal of International Agriculture*, 51(3): 227–244.

Muto, M. & Yamano, T. 2009. The impact of mobile phone coverage expansion on market participation: panel data evidence from Uganda. *World Development*, 37(12): 1887–1896.

Nakasone, E., Torero, M. & Minten, B. 2014. The power of information: the ICT revolution in agricultural development. *Annual Review of Resource Economics*, 6: 533–550.

NASSCOM. 2018. Catalyzing IT-BPM industry in India: Annual Report 2018–2019. Noida: National Association of Software & Service Companies.

Nepal. 2012. *Country report on ICT in education*. Kathmandu: Ministry of Education.

Newbury, E., Humphreys, L. & Fuess, L. 2014. Over the hurdles: barriers to social media use in extension offices. *Journal of Extension*, 52(5).

Nsabimana, A. & Amuakwa-Mensah, F. 2018. Does mobile phone technology reduce agricultural price distortions? Evidence from cocoa and coffee industries. *Agricultural and Food Economics*, 6(20).

Odiaka, E. 2015. Perception of the influence of home videos on youth farmers in Nigeria. *Journal of Agricultural & Food Information*, 16(4): 337–346.

OECD. 2015a. *Students, Computers and Learning: Making the Connection*. Paris: OECD Publishing.

OECD. 2015b. *Analysing policies to improve agricultural productivity growth, sustainability*. Draft Framework. Paris: OECD Publishing.

OECD. 2016. *Skills Matter: Further Results from the Survey of Adult Skills*. Paris: OECD Publishing.

OECD. 2018a. *Going Digital in a Multilateral World*. Paris: OECD Publishing.

OECD. 2018b. *The Future of Rural Youth in Developing Countries: Tapping the Potential of Local Value Chains*. Paris: OECD Publishing.

OECD. 2019. *How's Life in the Digital Age? Opportunities and Risks of the Digital Transformation for People's Well-being*. Paris: OECD Publishing.

Ofcom. 2015. *Connected Nations Report 2015*. London: Ofcom.

Ofcom. 2018. *UK Communications Market Report*. London: Ofcom.

Oleson, J.E., Sorensen, P., Thomson, I.K.,Erikson, J., Thomsen, A.G. & Bernsten, J. 2004. Integrated nitrogen input systems in Denmark. In Mosier, A.R., Syers, J.K. & Freney, J.R., *Agriculture and the nitrogen cycle*. Washington, Covelo, London: Island Press, pp. 129–140.

Olinto, P., Beegle, K., Sobrado, C. & Uematsu, H. 2013. *The State of the Poor: Where are the* *poor, where is extreme poverty harder to end, and what is the current profile of the world's poor.* Economic Premise, World Bank. Washington D. C.:

Oliver, Y., Robertson, M. & Wong, M. 2010. Integrating farmer knowledge, precision agriculture tools, and crop simulation modelling to evaluate management options for poor-performing patches in cropping fields. *European Journal of Agronomy*, 32(1): 40–50.

Ortiz, B.V., Balkcom, K.B., Duzy, L., van Santen, E. & Hartzog, D.L. 2013. Evaluation of agronomic and economic benefits of using RTK-GPS-based auto-steer guidance systems for peanut digging operations. *Precision Agriculture*, 14: 357–375.

Ouma, S.A., Odongo, T.M. & Were, M. 2017. Mobile financial services and financial inclusion: Is it a boon for savings mobilization? *Review of Development Finance*, 7: 29–35.

Palmer, T. & Darabian N. 2017. *Creating scalable, engaging mobile solutions for agriculture. A study of six content services in the mNutrition Initiative portfolio.* London: GSMA.

Pannell, D.J. 2006. Flat earth economics: The far-reaching consequences of flat payoff functions in economic decision making. *Review of Agricultural Economics*, 28: 553–566.

Pesce, M., Kirova, M., Soma, K., Bogaardt, M.J., Poppe, K., Thurston, C., Monfort Belles, C., Wolfert, S., Beers, G. & Urdu, D. 2019: *Research for AGRI Committee – Impacts of the digital economy on the food-chain and the CAP.* Brussels: European Parliament, Policy Department for Structural and Cohesion Policies.

Pew Research Center. 2014. *Spring 2014 Global Attitudes Survey.* Washington D. C.: Pew Research Center.

Pew Research Center. 2015. *Cell Phones in Africa: Communication Lifeline Texting Most Common Activity, but Mobile Money Popular in Several Countries.* Washington D. C.: Pew Research Center.

Pham, X. & Stack, M. 2018. How data analytics is transforming agriculture. *Business Horizons*, 61: 125–133.

Pick, J. & Sarkar A., 2015. *The Global Digital Divides: Explaining Change (Progress in IS).* Basel: Springer.

Pierson, L. 2017. Data science for dummies. John Wiley & Sons, Inc., New Jersey, U.S., pp. 113–114.

Poushter, J. & Oates, R. 2015. *Cell phones in Africa: Communication lifeline.* Washington D. C.: Pew Research Center.

PwC. 2016. *Africa Agribusiness Insights Survey 2016.* London: Pricewaterhouse Coopers.

PwC. 2017. *Clarity from above: Leveraging drone technologies to secure utilities systems.* London: Pricewaterhouse Coopers.

PwC. 2019. *Global Digital Operations Study 2018: Digital Champions.* London: Pricewaterhouse Coopers.

Qiang, Z.C., Kuek, C.S., Dymond, A. & Esselaar, S. 2012. *Mobile Applications for Agriculture* *and Rural Development*. Washington D. C.: World Bank.

ReportsnReports. 2014. *Agricultural Robots: Market Shares, Strategies, and Forecasts, Worldwide, 2014–2020.*

Rhoades, E. & Aue, K. 2010. *Social agriculture: Adoption of social media by agricultural editors and broadcasters*. Human and Community Resource Development. Columbus: Ohio State University.

Roland Berger. 2015. *Business opportunities in precision farming: Will big data feed world in the future?* Munich: Roland Berger Strategy Consultants GmbH.

Rischard, J.F. 2002. *High Noon: 20 Global Problems, 20 Years to Solve Them*. Basic Books. New York.

Rivera, J., Lima, J.L., & Castillo, E. 2014. *Fifth survey on access, use, users and pay disposition of Internet in urban and rural areas in Chile*. Santiago: University of Chile.

Sadler, E.J., Evans, R.G., Stone, K.C. & Camp, C.R. 2005. Opportunities for conservation with precision irrigation. *J Soil Water Conserv*, 60: 371–378.

Sekabira, H. & Qaim, M. 2017. Can mobile phones improve gender equality and nutrition? Panel data evidence from farm households in Uganda, *Food Policy*, 73: 95–103.

Schimmelpfennig, D. 2017. *Farm Profits and Adoption of Precision Agriculture*. Economic Research Report Number 217. Washington D. C.: USDA.

Shockley, J., Dillon, C. R., Stombaugh, T. & Shearer, S. 2012. Whole farm analysis of automatic section control for agricultural machinery. *Precision Agric*, 13: 411–420.

Shockley, J.M., Dillon, C.R. & Stombaugh, T.S. 2015. A whole farm analysis of the influence of auto-steer navigation on net returns, risk, and production practices. *Journal of Agriculture Applied Economy*, 43: 57–75.

Sokoya, A.A., Onifade, F.N. & Alabi, A.O. 2012. *Connections and Networking: The Role of Social Media in Agricultural Research in Nigeria*. Session: 205-Social Networking for Agricultural Research, Education, and Extension Service: An International Perspective-Agricultural Libraries Special Interest Group, pp. 23–28.

Solanelles, F., Escolà, A., Planas, S., Rosell, J.R., Camp, F. & Gràcia, F. 2006. An electronic control system for pesticide application proportional to the canopy width of tree crops. *Biosyst Eng*, 95: 473–481.

Stanley, S. 2013. *Harnessing Social Media in Agriculture*. A Report for the New Zealand Nuffield Farming Scholarship Trust.

Sulaiman V., Hall, A., Kalaivani, N., Dorai, K. & Reddy, T. 2012. Necessary, But Not Sufficient: Critiquing the Role of Information and Communication Technology in Putting Knowledge into Use. *The Journal of Agricultural Education and Extension*, 18: 331–346.

Schwab, K. 2016. *The Fourth Industrial Revolution*. Geneva: World Economic Forum.

The Economist, 2012. *Smart policies to close the digital divide: Best practices from around the* *world*. London: The Economist Intelligence Unit.

Taglioni, D. & Winkler, D. 2016. *Making Global Value Chains Work for Development*. World Bank Group, Trade and Development Series.

Tekin, A.B. 2010. Variable rate fertiliser application in Turkish wheat agriculture: Economic assessment. *Afr J Agric Res*, 5: 647–652.

Thomas, K.A. & Laseinde, A.A. 2015. Training Needs Assessment on the Use of Social Media among Extension Agents in Oyo State Nigeria. *Journal of Agricultural Informatics*, 6(1): 100–111.

Tillett, N., Hague, T., Grundy, A. & Dedousis, A. 2008. Mechanical within-row weed control for transplanted crops using computer vision. *Biosystems Engineering* 99(2): 171–178.

Timmermann, C., Gerhards, R., Kühbauch, W. 2003. The economic impact of site-specific weed control. *Precis Agric*, 4: 249–260.

Torero, M. 2013. *Farmers, markets, and the power of connectivity*. Washington D C: International Food Policy Research Institute.

Troell, M., Naylor, R.L., Metian, M., Beveridge, M., Tyedmers, P.H., Folke, C., Arrow, K.J., Barrett, S., Crépin, A.S., Ehrlich, P.R., Gren, A., Kautsky, N., Levin, S.A., Nyborg, K., Österblom, H., Polasky, S., Scheffer, M., Walker, B.H., Xepapadeas, T. & de Zeeuw, A. 2014. Does aquaculture add resilience to the global food system? *Proceedings of the National Academy of Sciences of the United States of America*, 111(37): 13257–13263.

Trost, B., Prochnow, A., Drastig, K., Meyer-Aurich, A., Ellmer, F. & Baumecker, M. 2013. Irrigation, soil organic carbon and N_2O emissions. *Agron Sustain Dev*, 33: 733–749.

Tschirely, D.J., Snyder, J., Dolislager, M., Reardon, T., Haggblade, S., Goeb, J., Traud, L., Ejobi, F. & Meyer, F. 2015. Africa's unfolding diet transformation: implications for agrifood system employment. *Journal of Agribusiness in Developing and Emerging Economies*, 5(2): 102–136.

Tullberg, J.N. 2016. *CTF and Global Warming*. Proceeding from Controlled Traffic and Precision Agriculture Conference 2016.

United Nations. 2016. *United Nations e-government survey 2016*. New York: UN.

UN Broadband Commission. 2017. *The State of Broadband 2017: Broadband Catalyzing Sustainable Development*. New York: The UN Broadband Commission for Sustainable Development.

UNCTAD. 2015. *Information Economy Report: Unlocking the Potential of E-Commerce for Developing Countries*. Geneva: UNCTAD.

UN DESA. 2017. *World Population Prospects: Key findings and advance tables*. New York: UN DESA.

UN DESA. 2018. *The 2018 Revision of World Urbanisation Prospects*. New York, UN DESA.

UN DESA. 2019. *Population, surface area and density*. New York: UN DESA.

UNDP. 2015. *Work for Human Development: Human Development Report 2015*. New York: UNDP.

UIS. 2017. *Literacy Rates Continue to Rise from One Generation to the Next*. Fact Sheet No. 45, September 2017 (FS/2017/LIT/45). Paris: UNESCO Institute for Statistics.

UNESCO. 2014. *Information and Communication Technology (ICT) in Education in Asia: A Comparative Analysis of ICT Integration and E-readiness in Schools across Asia*. Information Paper No. 22. Paris: UNESCO.

UNESCO. 2015. *Information and Communication Technology (ICT) in Education in Sub-Saharan Africa. A comparative analysis of basic e-readiness in schools*. Information Paper No. 25. Paris: UNESCO.

UNESCO. 2017. *Reading the past, writing the future Fifty years of promoting literacy*. Paris: UNESCO.

USAID. 2018. *Digital farmer profile: Reimagining Smallholder Agriculture*. Washington D.C.: USAID.

US Census Bureau. 2017. *Computer and Internet Use in the United States: 2015*. American Community Survey Reports. Washington D. C.: U.S. Department of Commerce.

van Es, H. & Woodard, J. 2017. Innovation in Agriculture and Food Systems in the Digital Age. In: *Global Innovation Index 2017*. Geneva: World Intellectual Property Organisation.

Van Mele, P., Wanvoeke, J. & Zossou, E. 2010. Enhancing rural learning, linkages, and institutions: The rice videos in Africa. *Development in Practice*, 20: 414–421.

Varner, J. 2012. *Agriculture and Social Media*. Mississippi State University Extension Service. Mississippi: Mississippi State University.

Varian, R.H., Farrell, J. & Shapiro, C. 2004. *Economics of Information Technology*. Cambridge University Press.

Verdouw, C.N., Robbemon, R.M. & Wolfert, J. 2015. ERP in agriculture: Lessons learned from the Dutch horticulture. *Computers and Electronics in Agriculture*, 114: 125–133.

Vogels, J., van der Haar, S., Zeinstra, G. & Bos-Brouwers, H. 2018. *ICT tools for food management and waste prevention at the consumer level*. EU REFRESH Project, November 2018.

Young, M. 2018. *The Age of Digital Agriculture*. San Francisco: The Climate Corporation.

Walker, D., Kurth, T., Van Wyck, J. & Tilney, M. 2016. *Lessons from the Frontlines of the Agtech Revolution*. October 25. Boston Consulting Group (BCG), Boston, Massachusetts.

Walter, A., Finger, R., Huber, R. & Buchmann, N. 2017. Opinion: Smart farming is key to developing sustainable agriculture. *Proc Natl Acad Sci*, 114: 6148–6150.

We are social. 2016. *Digital in Asia-Pacific: A snapshot of the region's key digital statistical indicators*. New York: We are social.

We are social and Hootsuite. 2018. *Digital in 2018: Essential insights into internet, social media, mobile and e-commerce use around the world*. New York: We are social.

WEF. 2016. *The Future of Jobs Employment, Skills and Workforce Strategy for the Fourth Industrial Revolution*. Geneva: World Economic Forum.

WEF. 2018. *The Future of Jobs Report 2018*. Geneva: World Economic Forum.

WEF and Bain & Company. 2018. *The Digital Enterprise: Moving from experimentation to transformation*. Insight Report. Geneva: World Economic Forum. Wilson, B., Atterton, J., Hart, J., Spencer, M. & Thomson, S. 2018. *Unlocking the digital potential of rural areas across the UK*. Edinburgh: Rural England and Scotland's Rural College.

World Bank. 2011. *ICT in Agriculture Connecting Smallholders to Knowledge, Networks, and Institutions*. Washington D. C.: World Bank.

World Bank, 2016a. *World development report 2016: Digital dividends*. Washington D. C.: World Bank.

World Bank, 2016b. *Will digital technologies transform agriculture in developing countries?* Washington D. C.: World Bank.

World Bank. 2017. *Future of Food: Shaping the Food System to Deliver Jobs*. Washington D. C.: World Bank.

World Bank. 2018. *Overcoming poverty and inequality in South Africa: An Assessment of drivers, constraints and opportunities*. March 2018. Washington D. C.: World Bank.

World Bank and IFAD. 2017. *Rural Youth Employment*. G20 Development Working Group.

World Bank. 2019. *Doing Business 2019: Training for Reform*. Washington D. C.: World Bank.

Zuh, N., Liu, X., Liu, Z., Hu, K., Wang, Y., Tan, J., Huang, M., Zhu, Q., Ji, X., Jiang, Y. & Guo, Y. 2018. Deep learning for smart agriculture: Concepts, tools, applications, and opportunities. *International Journal of Agricultural and Biological Engineering*, 11(4): 32–44.

图书在版编目（CIP）数据

农业和农村地区的数字技术现状报告/联合国粮食及农业组织编著；张龙豹等译 . —北京：中国农业出版社，2021.10
（FAO中文出版计划项目丛书）
ISBN 978-7-109-28422-7

Ⅰ.①农… Ⅱ.①联…②张… Ⅲ.①农业技术－数字化－研究报告－世界 Ⅳ.①S-39

中国版本图书馆CIP数据核字（2021）第122797号

著作权合同登记号：图字01-2021-2041号

农业和农村地区的数字技术现状报告
NONGYE HE NONGCUN DIQU DE SHUZI JISHU XIANZHUANG BAOGAO

中国农业出版社出版
地址：北京市朝阳区麦子店街18号楼
邮编：100125
责任编辑：郑 君 文字编辑：刘金华
版式设计：王 晨 责任校对：周丽芳
印刷：中农印务有限公司
版次：2021年10月第1版
印次：2021年10月北京第1次印刷
发行：新华书店北京发行所
开本：700mm×1000mm 1/16
印张：12.75
字数：240千字
定价：79.00元